L. Kny

Ueber das Dickenwachstum des Holzkörpers in seiner Abhängigkeit von äußeren Einflüssen

Mit drei lithograhierten Tafeln

L. Kny

Ueber das Dickenwachstum des Holzkörpers in seiner Abhängigkeit von äußeren Einflüssen

Mit drei lithograhierten Tafeln

ISBN/EAN: 9783742898487

Hergestellt in Europa, USA, Kanada, Australien, Japan

Cover: Foto ©berggeist007 / pixelio.de

Manufactured and distributed by brebook publishing software (www.brebook.com)

L. Kny

Ueber das Dickenwachstum des Holzkörpers in seiner Abhängigkeit von äußeren Einflüssen

UEBER

DAS DICKENWACHSTHUM

DES

HOLZKOERPERS

IN

SEINER ABHAENGIGKEIT VON AEUSSEREN EINFLUESSEN.

VON

L. KNY.

MIT 3 LITHOGRAPHIRTEN TAFELN.

BERLIN.

VERLAG VON PAUL PAREY.

Verlagshandlung für Landwirthschaft, Gartenbau und Forstwesen.

1882.

Vorwort.

Bei Beschaffung des Materiales für die in den folgenden Zeilen darzustellenden Untersuchungen hatte ich mich mehrfacher werthvoller Unterstützung zu erfreuen. Zu besonderem Danke fühle ich mich verpflichtet den Herren Garten-Inspector C. BOUCHE (†), Professor A. BRAUN (†), Professor O. BREFELD, Professor A. W. EICHLER. Professor R. HARTIG, Oberförster KRIEGER, Garten-Inspector LAUCHE, Hofgärtner NIETNER und Garten-Inspector PERRING.

Berlin, im Januar 1882.

Der Verfasser.

In der Pflanzenphysiologie haben sich in jüngster Zeit mehrfach sehr grob mechanische Auffassungen Geltung zu verschaffen gesucht. Von mehr als einer Seite wurde der Versuch unternommen, selbst complicirtere Lebenserscheinungen und Entwickelungsvorgänge als das unvermittelte Ergebnifs einzelner, die Vegetation beherrschenden, äufseren Kräfte darzustellen. Es wurde nicht immer genügend berücksichtigt, dafs das, was wir „organisches Leben" nennen, nicht nur unter gleichzeitiger Mitwirkung aller dem Organismus von aufsen zufliefsenden Kräfte zu Stande kommt, sondern dafs überhaupt die einzelne Pflanze ebensowenig wie das Thier das System von Kräften, mit dem sie arbeitet, aus den Kraftquellen, welche ihr von aufsen her zur Verfügung stehen, sich selbstständig aufbaut, sondern dafs sie mit dem Keime den Anstofs zu bestimmten Bewegungsrichtungen als Erbtheil empfangen hat. Jede von aufsen hinzutretende, in die Entwickelung eingreifende Kraft mufs sich mit dem im Keime gegebenen Systeme combiniren; — beide treten nothwendigerweise in Wechselwirkung. Die der physiologischen Forschung im Gebiete der Pflanzen-Morphologie gestellte Aufgabe wird also darin bestehen, zu untersuchen, wie die äufseren Kräfte — Schwerkraft, Licht, Wärme etc. — den durch Erblichkeit überkommenen Entwickelungsgang im Einzelnen abändern, nicht aber, wie sie ihn unabhängig gestalten.

Zu den Erscheinungen, für welche man sich die Erklärung bisher etwas gar zu einfach zurecht gelegt hatte, gehören unter anderen auch die bekannten Ungleichmäfsigkeiten im Dickenwachsthume horizontaler und schief gerichteter Zweige von Holzgewächsen. Schon von älteren Autoren, wie von A. P. DE CANDOLLE [1] und TREVIRANUS [2] war derselben Erwähnung geschehen; doch wurde erst von CARL SCHIMPER die allgemeinere Aufmerksamkeit auf sie gelenkt. Auf der 31. Versammlung deutscher Naturforscher und Aerzte zu Göttingen im September 1854 [3] legte ALEXANDER BRAUN in seinem Auftrage einige

[1] Pflanzenphysiologie, übers. von ROEPER, I, (1833), p. 71.
[2] Physiologie der Gewächse, I. (1835), p. 240.
[3] Siehe den amtlichen Bericht, p. 87.

1

schriftliche Mittheilungen vor, deren zweite das ungleichseitige [1]) Anschwellen des Stengels, namentlich holziger Gewächse, an den seitlich abgehenden Zweigen betrifft.

„Hyponastische, epinastische und diplonastische Gewächse werden darnach unterschieden, dafs seitlich abgehende Aeste entweder unten, oder oben, oder unten und oben zugleich, excentrisch sich stärker ausbilden. Hyponastisch sind die Coniferen *Pinus silvestris* und *Juniperus virginiana*, besonders deutliche[2]) Beispiele ferner: *Rhus Cotinus*, *Buxus sempervirens*. Epinastisch sind die meisten Laubhölzer, ferner auch *Ephedra*. Extreme Fälle sind: *Viscum album*, *Mespilus germanica*. Diplonastisch sind: *Rosa canina*, *Corylus Avellana*. Endlich kommt auch excentrische Ausbildung der Flanken des Zweiges vor, z. B. bei den Cruciferen, wo sogar die Staubfäden der schlechten Seite verloren gehen. Spironastie ist die spiralige Anschwellung, die durch das Anschmiegen bei *Lonicera* z. B. eintritt."

...Anhangsweise wird auf *Cissus hederacea* aufmerksam gemacht; dieser hat Heteronastie, wo die Markstrahlen auf der geförderten Seite convergiren, auf der zurückbleibenden divergiren."

Einige auf die uns beschäftigenden Erscheinungen bezügliche Notizen finden sich in H. NOERDLINGER'S „Technische Eigenschaften der Hölzer" (1860). Auf S. 25 heifst es: „Auch schiefstehende Stämme sowie Aeste tragen das Mark der oberen Seite stark genähert, d. h. sie haben auf der unteren, dem Boden zugekehrten Seite breitere Jahresringe.[3]) Bei der Lärche ist solches so bedeutend, dafs es oft der Nutzbarkeit Eintrag thut."

Für einen sehr excentrischen, 21jährigen Ast eines gemeinen Nufsbaumes (*Juglans regia*) von Hohenheim wird von NOERDLINGER[4]) constatirt, dafs die schmale Oberseite zwar ein höheres Grüngewicht, dafür aber ein geringeres Trockengewicht, als die entsprechenden Schichten der stärker entwickelten Unterseite besafs. Das specifische Gewicht der schmalen engjährigen Seite war nach dem Eintrocknen, in Folge stärkeren Schwindens, merklich gröfser, als das der entgegengesetzten breitringigen Seite.[5])

Auch H. V. MOHL scheint es als feststehend zu betrachten, dafs die seitlichen Zweige aller Holzgewächse hyponastisch sind. In einem Aufsatze, welcher den Titel führt: „Einige anatomische und physiologische Bemerkungen über das Holz der Baumwurzeln"[6]), sagt er: „Bekanntlich sind die Zweige der Bäume, wenn sie eine mehr oder weniger horizontale Lage besitzen, ebenfalls excentrisch gewachsen. Bei diesen ist es nun sehr leicht,

---

[1]) Im Originaltexte steht, wahrscheinlich in Folge eines Druckfehlers, „ungleichzeitige".
[2]) Im Originaltexte steht „deutsche", was wir ebenfalls als Druckfehler betrachten dürfen.
[3]) Hiernach scheint also NOERDLINGER damals alle Holzgewächse für hyponastisch (im Sinne SCHIMPER'S) gehalten zu haben.
[4]) H. NOERDLINGER, Die technischen Eigenschaften der Hölzer, (1860), p. 133.
[5]) l. c, p. 281.
[6]) Botan. Zeitung, 1862, p. 273, Sp. 2.

sich davon zu überzeugen, dafs die Jahresringe beständig auf der unteren Seite der Zweige dicker sind. Die Erklärung dieser Thatsache liegt in der meines Wissens zuerst von KNIGHT ausgesprochenen Annahme, dafs der absteigende Nahrungssaft dem Gesetze der Schwere folgend in horizontal oder schief liegenden Zweigen in gröfserer Menge auf der unteren Seite des Zweiges zum Stamme fliefse und diese Seite stärker ernähre, als die nach oben gewendete. Bei der Wurzel verhält sich nun die Sache vielfach anders. In dieser Beziehung mufs man zunächst den obersten Theil derselben in der Nähe ihres Ursprunges aus dem Stamme in's Auge fassen. An dieser Stelle ist immer der nach oben gewendete Theil ihrer Jahresringe der dickere, und zwar bei vielen Bäumen in bedeutendem Maafse; . . . . . eine ganz andere Frage ist aber die, ob dieses Verhältnifs der ganzen Länge der Wurzel nach sich gleich bleibt, oder ob es nicht vielmehr in dem weit vom Stamme entfernten Theile der Wurzeln in das entgegengesetzte übergeht. Die Sache ist, abgesehen von der schwierigeren Zugänglichkeit der Wurzel, nicht so leicht auszumitteln, als es auf den ersten Blick scheint, indem in Folge der mannigfachen mechanischen Hindernisse, welche einer ungestörten Entwickelung der Wurzel entgegenstehen, das Wachsthum derselben vielfach unregelmäfsig ist, indem Steine, andere Wurzeln u. s. w. stellenweise einen mechanischen Druck auf sie ausüben und eine regelmäfsige Ausbildung der Jahresringe verhindern. Man erhält deshalb, wenn man auch eine grofse Anzahl von Wurzeln ausgraben läfst, einander so widersprechende Resultate, dafs es schwierig ist, eine bestimmte Regel zu finden. Es schien mir aber doch im Allgemeinen der Fall der häufigste zu sein, dafs in gröfserer Entfernung vom Stamme die nach unten gewendete Seite der Wurzel stärker in die Dicke wächst, als die obere. Ich bin aber weit entfernt zu behaupten, dafs ich mich in dieser Beziehung nicht getäuscht habe." [1]

In der Erklärung der ihm bekannten Erscheinungen der Hyponastie schliefst sich G. KRAUS [2]) den im Vorstehenden wörtlich dargelegten Ansichten H. VON MOHL'S insoweit an, als auch er das excentrische Wachsthum der Zweige als eine Folge der Schwerkraft betrachtet; nur soll dieselbe nicht direct, sondern mittelbar durch die von ihr beeinflufste Aenderung der Gewebespannung an Ober- und Unterseite des Zweiges wirken.

„Die Einwirkung der Schwerkraft auf die Querspannung ist, wie zu erwarten stund, eine der auf die Längsspannung geübten ganz analoge; beim Niederlegen von Stengeln verlängern sich nicht allein die Gewebe und Gewebezellen der Unterseite stärker, als die der Oberseite, sie wachsen auch stärker in die Breite (Tabelle XII, 3). Die unterseitigen Gewebe nehmen daher einen stärkern Umfang an, und das Dickenwachsthum des Inter-

---

[1]) l. c. p. 274.
[2]) Die Gewebespannung des Stammes und ihre Folgen. (Botan. Zeitung 1867, p. 132.)

1 *

nodiums wird excentrisch, der Querschnitt desselben zeigt nach unten größere Radien als nach oben. Diese Erscheinung findet man nicht allein an Sprossen, die noch eine Längsspannung besitzen, sondern auch an rein quergespannten alten Aesten, Stämmen, Wurzeln. Das gewöhnliche excentrische Wachsthum der Baumwurzeln (v. MOHL, Bot. Zeitung 1862, S. 273. ff.), das häufig excentrische Wachsthum horizontal streichender Aeste (*Ailanthus*, *Paulownia*, *Juglans* u. s. w.) — sind einfach die Folgen der Schwerkraftswirkungen auf die Querspannung[1]).

HOFMEISTER behandelt in seiner „Allgemeinen Morphologie der Gewächse" (1868) die uns hier beschäftigenden Thatsachen zusammen mit anderen morphologischen Erscheinungen, welche seiner Auffassung gemäß unter dem unmittelbaren Einflusse der Schwerkraft zu Stande kommen. Auf S. 604 a. a. O. sagt er wörtlich:

„Bei den meisten Laubhölzern wächst auch das Holz an der nach oben gewendeten Seite seitlicher Zweige stärker in die Dicke, als an der unteren. Das Wachsthum, die Thätigkeit des holzbildenden Cambium sind in der Richtung aufwärts gefördert. Das Mark solcher Zweige hat eine excentrische, nach unten gerückte Lage. Beispiele: *Viscum album*, *Mespilus germanica*."

„Die nicht lothrecht gerichteten Achsen einer Anzahl von Pflanzen werden in ihrem Dickenwachsthume durch die Schwerkraft in genau umgekehrter Weise beeinflußt. Die dem Erdmittelpunkt zugewendete Längshälfte ihrer geneigt oder horizontal wachsenden Achsen verdickt sich überwiegend. Es besteht somit zwischen verschiedenen Pflanzenformen in Bezug auf die Förderung der Stammverdickung durch eine in Richtung der Lothlinie wirkende Kraft ein ähnlicher Gegensatz, wie in Bezug auf die Förderung des Breitenwachsthumes der Blätter (S. 586)."

Mit Rücksicht auf die Wurzeln heißt es bei HOFMEISTER (l. c., p. 600):

„Horizontal oder nahezu horizontal gewachsene, zu Wurzeln modificirte Achsen zeigen ebenfalls eine Förderung des Dickenwachsthums der oberen Längshälfte nahe hinter der Spitze. Noch innerhalb der Wurzelhaube nimmt das Volumen des Gewebes und die Zahl der Zellenschichten in der oberen Hälfte des bleibenden Theiles der Wurzel rascher zu, als in der unteren Hälfte. Diese Erscheinung wurde bei allen darauf untersuchten Pflanzen beobachtet. Der Querschnitt vertical abwärts wachsender Wurzeln ist ein Kreis; derjenige horizontal gewachsener Wurzeln, dicht hinter der Spitze genommen, ist von elliptischem oder

---

[1]) „In den holzigen Achsen wirkt die Schwere zunächst auf die Rindengewebe; die Zellen und Gewebe derselben auf der Unterseite werden breiter, und daher für's erste die Querspannung auf dieser Seite geringer. In Folge dieser verringerten Spannung werden die Nahrungsstoffe auf dieser Seite sich anhäufen und der Holzkörper diesseits ein stärkeres Dickenwachsthum beginnen. (Ueber die Möglichkeit einer solchen Anschauung vgl. unten den Einfluß der Spannung auf den Stofftransport.) — Den Einfluß des Lichts auf das Excentrischwerden des Holzkörpers hat man sich ebenso zu denken." (Anm. von G. KRAUS.)

eiförmigem Umrifs; der gröfste Querdurchmesser fällt zusammen mit der Lothlinie. Das Verhältnifs dieses verticalen zu dem horizontalen Durchmesser fand ich z. B. bei *Bromus lasus* = 1,06 bis 1,15 : 1, bei *Caladium esculentum* = 1,14 : 1, bei *Angiopteris erecta* = 1,13 bis 1,17 : 1.[1]) Der Umrifs des verticalen Längsdurchschnittes solcher Wurzeln ist in der oberen Hälfte stärker gewölbt als in der unteren. Die Wurzelhaube reicht an der oberen Kante des bleibenden Theiles der Wurzel minder weit rückwärts, als an der entgegengesetzten (Fig. 184)."

WIESNER[2]) fand an sämmtlichen von ihm untersuchten Pflanzen[3]), dafs "blofs die Stammquerschnitte vertical gestellter Aeste kreisförmig waren, hingegen an allen schiefen Zweigen sich eine andere Begrenzungscurve zeigte. Je mehr der Ast sich der horizontalen Lage nähert, desto deutlicher kann man eine grofse und kleine Axe in der Querschnittscurve unterscheiden. Die grofse Axe liegt in der Richtung der Schwere, nämlich in einer durch die Axe des Zweiges gehenden Verticalebene, die kleine Axe steht senkrecht darauf."

Mit Rücksicht auf die Vertheilung der Gewebe an gegen die Verticale geneigten Aesten fand WIESNER, "dafs das Mark excentrisch gegen die anderen Gewebe gelagert ist und der Oberseite des Querschnittes näher, als der Unterseite liegt, was dadurch hervorgebracht wird, dafs die Rinde und der Holzring an der Unterseite mächtiger, als an der Oberseite des Zweiges entwickelt ist."

WIESNER belegt dies für *Aesculus Hippocastanum* mit Zahlen, erklärt die Erscheinung in einer Anmerkung für wahrscheinlich identisch mit SCHIMPER'S Hyponastie und sagt dann bezüglich ihrer Ursachen:

"Die eben angeführte Thatsache ist bemerkenswerth, wenn auch aus den angeführten Beobachtungen noch kein Schlufs sich ziehen läfst auf das Zustandekommen der ungleichen Massenentwickelung der Gewebe geneigter Aeste. Am nächsten liegt die Annahme, dafs die Zellbildung, wenn sie im Sinne der Schwere erfolgte, beschleunigt ist, hingegen eine Verzögerung erfährt, wenn hierbei die Schwere zu überwinden ist.[4])   .

NOERDLINGER spricht sich in dem im Jahre 1874 erschienenen ersten Bande seiner "Deutschen Forstbotanik" über die in Frage stehenden Erscheinungen auf S. 184—186 folgendermaafsen aus:

---

[1]) "HOFMEISTER in Bot. Zeit. 1868, p. 277. Daselbst noch andere Beispiele." (Anm. v. HOFMEISTER.)
[2]) Beobachtungen über den Einflufs der Erdschwere auf Gröfsen- und Formverhältnisse der Blätter (Sitzungsber. der Wiener Akad. d. W. 1868), p. 11—13 des Sep.-Abdr.
[3]) Seine Untersuchungen bezogen sich vorwiegend auf solche einjährige Sprosse, die bei horizontaler oder schiefer Stellung ausgesprochene Anisophyllie zeigen.
[4]) l. c., p. 13.

„Von Einflufs auf die Ringbreite an Stamm und Aesten ist deren mehr oder weniger schiefe Lage. Starke Aeste sacken sich bei Laubhölzern sehr häufig, bei Nadelhölzern immer gegen die Vereinigung mit dem sie tragenden Stamme nach unten aus. Man sieht aber auch Aussackungen nach oben. Und dasselbe sieht man oft an starken Bäumen. An Laubhölzern verdient der Gegenstand von neuem untersucht zu werden. Bei jungen Laubbäumen machen sich je nach der Holzart Verschiedenheiten bemerklich."

„An kräftigen jungen Schiefzweigen der Edelkastanie z. B. findet man die stärkere Entwickelung auf der unteren, und in Verbindung mit einmündenden Seitenzweigchen an der Nebenseite. In den schwachen Aesten sich nach oben wölbend sind dagegen die Holzringe bei Spitzahorn, Erle, Hainbuche, Kornelkirsche und *Cornus alba*, Weifsdorn und *Crataegus punctata*, Bohnenbaum, Pfaffenhütchen. Rothbuche, *Gleditschia triacanthos*, Wallnufsbaum, *Mespilus germanica*, *Prunus Mahaleb* und Traubenkirsche, *Paulownia*, *Cydonia japonica*. Eiche, Perrückenstrauch. gemeiner Robinie und verschiedenen Lindenarten. Auch die hängenden Aeste einer *Sorbus aucuparia pendula* haben die Ausbauchung nach oben....."

„In Uebereinstimmung mit Vorstehendem findet man Nadelholzstangen, welche durch einen Unfall, z. B. den Schneedruck von 1868, schief gedrückt worden sind, so Fichten, Kiefern und Lärchen, seither sehr stark nach unten gewölbt. Auf der Oberseite sind alsdann an der Fichte die Ringchen ganz schwach oder gar nicht vorhanden."

„Bei Eiche, Ulme, gemeinem und Feldahorn, Erle, Aspe und Sale, Buche und Haine legen sich unter denselben Umständen die neuen Ringe ebenso exzentrisch aber nach oben, man möchte sagen auf dem Rücken der Stämmchen an. Die Buche und Haine zeigten hier grünes, besonders hartes und porenarmes Holz. Sein Chlorophyllreichthum und die stärkere Entwickelung der darüber liegenden Rinde rühren offenbar von dem in Folge des Schneedruckes eingetretenen reichen Tageslichteinfalle von oben her. Von den direkten Sonnenstrahlen konnten viele der beobachteten Stangen nicht getroffen werden. Bei der Birke schien die Auflagerung nach oben nur unbedeutend.

„HOFMEISTER (Allgemeine Morphologie der Gewächse 1868. S. 579 u. fg. insbesondere S. 600) erklärt beiderlei vorstehende Aussackungen durch die Schwerkraft. Man begreift ihren Einflufs bei Ausbauchung nach unten, indem schiefe Neigung aufwärts und Horizontalität oder Hängen der Aeste einen stärkeren Saftzuflufs und lebhaftere Ernährung auf der Unterseite der Aeste in Rinde und Holz herbeiführen. Ausbauchung nach oben jedoch könnte man versucht sein, in Verbindung zu bringen mit den Kräften (z. B. Tageslicht), welche überhaupt den Höhenwuchs der Bäume veranlassen....."

Im Jahre 1875 begann ich mich selbst mit der Frage zu beschäftigen, welche Ursachen die Ungleichheit des Dickenwachsthums an der Ober- und Unterseite horizontaler und schief gerichteter Zweige bestimmen möchten. Einen vorläufigen Bericht über meine Untersuchungen, welcher in allen wesentlichen Punkten dem dieser Abhandlung zu Grunde

liegenden Gedankengange folgt, erstattete ich am 20. März 1877 der Gesellschaft naturforschender Freunde in Berlin. Es wurde von mir hervorgehoben, dafs Ober- und Unterseite
eines horizontalen Zweiges nicht nur den Einflufs der Schwerkraft, sondern auch denjenigen
anderer äufserer Agentien, wie Wärme, Licht und Feuchtigkeit in verschiedener Weise empfangen. Ich betonte ferner die hohe Bedeutung der zwischen Holzkörper und Rindengewebe bestehenden Transversalspannung für das Dickenwachsthum der Jahresringe und
brachte es hiermit in Zusammenhang, dafs an stark epinastischen Zweigen das Holz im
dickeren oberen Theile in zahlreichen Fällen (z. B. *Tilia parvifolia, Gleditschia latisiliqua*)
gröfsere und zahlreichere Gefäfse enthält, als im dünneren unteren Theile; gleichzeitig
hatte sich mir aber aus der Untersuchung anderer Fälle, besonders der hyponastischen
Coniferen, die Ueberzeugung aufgedrängt, dafs neben der Gewebespannung auch andere, noch
unbekannte Momente von hervorragender Bedeutung sein müfsten. Als weiteres interessantes
Ergebnifs hatte sich im Laufe der Untersuchung herausgestellt, dafs, trotz vielfacher Unbe-
ständigkeit in der Ausbildung der einzelnen Jahresringe, doch für eine Anzahl von Holzgewächsen sich im Allgemeinen die Regel aufstellen lasse, dafs der erste oder die ersten
Jahresringe an der Unterseite, die folgenden dagegen an der Oberseite stärker entwickelt
sind. Schliefslich hob ich hervor, dafs, um den Einflufs der Schwerkraft auf das Dickenwachsthum des Holzkörpers zu ermitteln, die oberirdischen wegen Sprosse der zahlreichen,
ungleichseitig auf sie einwirkenden Einflüsse, welche sich im Versuche kaum von einander
trennen lassen, wegen der bei ihnen so häufig auftretenden Dorsiventralität und wegen der
nicht seltenen nachträglichen Achsendrehungen, überhaupt kein geeignetes Material seien:
dafs vielmehr nur in genügender Tiefe und unter möglichst gleichmäfsigem Drucke er-
wachsene Seitenwurzeln hierzu die geeigneten Vorbedingungen bieten.

SACHS [1]) kam später auf anderem Wege gleichfalls zu dem Resultate, dafs bei Ungleichmäfsigkeiten im Dickenwachsthum des Holzkörpers Verschiedenheiten der zwischen
Holzkörper und Rinde bestehenden Transversalspannung eine sehr wichtige Rolle spielen
werden. Er wies zuerst darauf hin, dafs, während bei kreisförmigem Querschnitte des Holzkörpers und bei allseitig gleichmäfsiger Ausbildung der Jahresringe die Markstrahlen einen
regelmäfsig radialen Verlauf zeigen, bei stark einseitiger Förderung des Wachsthums die
rechtwinklige Schneidung von Markstrahlen und Jahresringen eine Störung derart erfahren
kann, dafs die Markstrahlen nun mehr oder weniger gegen das stärker verdickte Ende hin
verschoben sind. [2])

---

[1]) Ueber Zellenanordnung und Wachsthum (Arbeiten des Botan. Institutes in Würzburg. Band II.
p. 185 [1879]).
[2]) l. c., p. 188.

Weiterhin[1]) sagt er wörtlich: „Es ist nun hervorzuheben, dafs ich in allen Fällen, wo ich auf Holzquerschnitten schiefwinkelige Schneidung der Ringe und Strahlen wahrgenommen habe, dieselbe Regel bestätigt fand: niemals waren die Strahlen etwa nach dem Orte des stärksten Zuwachses concav, sondern immer convex, aber weniger als es die rechtwinkelige Schneidung verlangt. Es mufs der Verschiebung der Strahlen also eine Ursache zu Grunde liegen, die mit der ungleichen Vertheilung des Wachsthums innerhalb eines jeden Jahrringes zusammenhängt; offenbar wird der im Cambium liegende jüngste Theil des Markstrahles schon hier nach der Seite des stärksten Zuwachses hinüber gedrängt, und wahrscheinlich defshalb, weil auf jener Seite die Widerstände, welche das allseitige Ausdehnungsstreben des Cambiums zu überwinden hat, geringer sind, als auf der anderen Seite."

SCHWENDENER[2]) gibt für die Verschiebung der Markstrahlen in der Richtung des stärksten Zuwachses eine abweichende Erklärung. Nach seiner Auffassung ist die Ungleichmäfsigkeit im Dickenwachsthum des Holzkörpers das Primäre und die Vertheilung der Transversalspannung zwischen Holz und Rinde das hierdurch Bedingte. Ich werde später Gelegenheit haben, hierauf zurückzukommen und den schon früher vertretenen abweichenden Standpunkt näher zu begründen.

Nach dem vorliegende Abhandlung, welche das früher Mitgetheilte in mehrfacher Beziehung weiter ausführt, fast druckfertig gestellt war, erschien eine denselben Gegenstand betreffende Arbeit von DETLEFSEN: „Versuch einer mechanischen Erklärung des excentrischen Dickenwachsthums verholzter Achsen und Wurzeln."[3]) Verf. kommt, ohne dafs er besonders hierauf gerichtete Versuche angestellt hätte, am Schlusse zu dem Resultate: „Ein directer Einflufs von Licht und Gravitation auf das cambiale Dickenwachsthum ist darnach überhaupt nicht vorhanden." Eingangs erörtert er die Bedeutung der zwischen Holzkörper und Rinde herrschenden Spannung für das Dickenwachsthum des Stammes, verwirft die von G. KRAUS angegebene Methode, die Transversalspannung der Rinde zu messen, und sucht darüber, ob über den Stellen gröfsten oder geringsten Dickenwachsthumes der höhere Grad von Querspannung herrsche, durch Beobachtungen ein Urtheil zu gewinnen, über deren Werth ich später an geeigneter Stelle einige Bemerkungen beifügen werde. Die von mir früher mitgetheilte Beobachtung, dafs bei Laubhölzern mit epinastischen Jahresringen das Holz an der stärker entwickelten Seite häufig zahlreichere und gröfsere Gefäfse führt, wird von DETLEFSEN bestätigt und in gleichem Sinne, wie von mir, gedeutet. Eine ganz besonders hervorragende Bedeutung legt er für das Zustandekommen einer ungleichen Spannung an Ober- und Unter-

---

[1]) l. c., p. 194.
[2]) Ueber die durch Wachsthum bedingte Verschiebung kleinster Theile in trajectorischen Curven. (Monatsber. der Berliner Akad. d. W. 1880, p. 417 ff.)
[3]) Wissenschaftliche Beigabe zum Michaelis-Programm der Grofsen Stadtschule (Gymnasium und Realschule) zu Wismar, 1881.

seite der Zweige der durch das Eigengewicht seitlicher Zweige bewirkten Abwärtskrümmung bei. Seiner Versicherung zufolge „zeigen annähernd horizontal gerichtete gerade Aeste stets eine Förderung des Dickenwachsthumes ihrer Unterseite, und zwar ist dieselbe meist an der Basis des Astes am bedeutendsten und nimmt von dort nach der Spitze hin allmählig ab." [1] Ferner ist es nach ihm „selbstverständlich, warum nach unten gebogene Aeste immer excentrisch gewachsen sind, und zwar ist die Förderung des Dickenwachsthumes der Unterseite am beträchtlichsten an der Stelle der stärksten Krümmung." . . . . „Ist ein Ast nach oben gebogen, ein bei unseren Laubhölzern überaus häufiger Fall, so findet man in den meisten Fällen Holz und Rinde auf der Oberseite stärker entwickelt, als auf der Unterseite." [2]

Aus diesen Angaben, deren theilweise Unrichtigkeit sich unschwer feststellen läfst, [3] erhellt zur Genüge, wie sehr der Verfasser seiner einseitigen Ansicht zu Liebe, als sei bei dem Zustandekommen der Ungleichheit im Dickenwachsthum der Internodien einzig und allein die Gewebespannung von Bedeutung, alle übrigen Einflüsse aber unerheblich, den Thatsachen Gewalt anthut.

Vorstehende Litteratur-Uebersicht, in welcher das auf unsere Frage Bezügliche, soweit es mir bekannt geworden, möglichst vollständig der Zeitfolge nach zusammengestellt ist, · zeigt, dafs die thatsächlichen Angaben nicht nur dürftige sind, sondern dafs sie sich zum Theil direct widersprechen. So bezeichnet z. B. C. SCHIMPER den Perrückenstrauch (*Rhus Cotinus*) als hyponastisch, während NOERDLINGER Schiefzweige desselben an der Oberseite stärker entwickelt fand. Von letzterem Forscher wird dasselbe für *Paulownia imperialis* angegeben, während von G. KRAUS deren Hyponastie als feststehend angenommen und zu erklären versucht wird. Mit Rücksicht auf *Juglans regia* weicht die Angabe NOERDLINGER'S in dem ersten Bande seiner „Deutschen Forstbotanik" von der früheren in den „Technischen Eigenschaften der Hölzer" ab. Der am letztgenannten Orte beschriebene und abgebildete Ast zeigt an der Unterseite stärker entwickelte Jahresringe, und es stimmt hiermit die Angabe von KRAUS überein, während in der „Forstbotanik" der Wallnufsbaum unter denjenigen Arten genannt wird, welche in schwachen Aesten sich nach oben wölben.

Für die Wurzeln würde sich aus den Untersuchungen von HOFMEISTER, [4] welche, wie es scheint, ausschliefslich an einjährigem Materiale ausgeführt wurden, allgemein eine er-

---

[1] l. c., p. 11.
[2] l. c., p. 12.
[3] Vergl. auch die am Schlusse dieser Abhandlung zusammengestellten Einzelbeobachtungen.
[4] Botan. Zeitung 1868, p. 277 ff. und Allgem. Morphol. der Gew., p. 600.

hebliche Förderung der zenithwärts gekehrten Seite dicht hinter dem Punctum vegetationis ergeben, während H. VON MOHL bei mehrjährigen Wurzeln in einiger Entfernung von der Ursprungstelle grofse Regellosigkeit im relativen Dickenwachsthume der verschiedenen Seiten fand, doch so, dafs im Allgemeinen die Unterseite die geförderte zu sein schien.

Zur Erklärung wird von den meisten Forschern, welche dem ungleichmäfsigen Dickenwachsthum an seitlich abgehenden Zweigen und Wurzeln ihre Aufmerksamkeit schenkten, die Schwerkraft herangezogen, deren Wirkung entweder eine directe (H. VON MOHL, HOFMEISTER, WIESNER) oder durch Aenderungen in der Gewebespannung vermittelte (KRAUS) sei. NÖRDLINGER deutet an, dafs wol auch andere die Vegetation beeinflussende Kräfte, wie das Tageslicht, für das Zustandekommen der Erscheinungen mitwirken dürften, während DETLEFSEN in jüngster Zeit die durch Krümmung der Zweige hervorgerufene Spannung zwischen Holz und Rindengewebe als alleinigen Erklärungsgrund heranzieht.

Eigene Untersuchungen.

I. Allgemeiner Theil.

I. Ueber das Dickenwachsthum des Holzkörpers an nicht verticalen oberirdischen Sprossen.

Bei erneuter Bearbeitung des Gegenstandes schien es mir, der Dürftigkeit der bisherigen Erfahrungen gegenüber, vor Allem erforderlich, eine breitere Grundlage von Beobachtungen zu gewinnen, um durch sie und durch die ihnen anzuschliefsenden Versuche die bezeichneten Widersprüche, wenn möglich, zu beseitigen und der Erklärung der Erscheinungen näher treten zu können.

Für oberirdische, horizontale Zweige hat sich hierbei Folgendes ergeben: [1]

---

[1] Die im zweiten Theile dieser Abhandlung zusammengestellten Resultate der Specialuntersuchungen wurden, falls etwas Anderes nicht ausdrücklich bemerkt ist, durchweg an genau oder doch annähernd horizontalen Zweigen (beziehungsweise Wurzeln) ausgeführt. Die Abweichung von der Horizontalen hat, nach ohngefährer Schätzung, wol in keinem Falle mehr als 5 Grade betragen. Die Ausführung genauer Messungen wurde wegen der grofsen Zahl individueller Abweichungen sehr bald als überflüssig aufgegeben; nur für wenige Zweige und Wurzeln finden sich in den Tabellen genauere Maafse angegeben. An den untersuchten Zweigen wurde, während sie sich noch am Baume befanden, die Oberseite genau bezeichnet, und an demjenigen Stücke des Internodiums, welches für Herstellung der Querschnitte Verwendung finden sollte, zenithwärts ein Längseinschnitt in die Rinde gemacht, der bei der späteren microscopischen Prüfung der Schnitte die Orientirung vollkommen sicherte. Wurden mehrere aufeinanderfolgende Internodien desselben Sprosses untersucht und unter einander verglichen, so wurden natürlich stets die correspondirenden Schnittflächen auf dem Objectträger nach oben gekehrt; beschränkte sich, wie diefs meist der Fall war, die Untersuchung auf nur ein Internodium eines Zweiges, so brauchte keine Rücksicht darauf genommen zu werden, dafs eine bestimmte Seite nach oben lag. Im letzteren Falle wurden nach Möglichkeit überall solche Stücke gewählt, welche in weiter Entfernung von der Ursprungstelle des untersuchten Astes und von seitlich entspringenden Auszweigungen sich befanden, weil letztere die entsprechende Seite des Jahresringes nahe ihrer Ansatzstelle local fördern. Querschnitte durch dünnere Zweige wurden meist mit freier Hand, solche durch ältere Aeste mit Hilfe des für diesen Zweck sehr empfehlenswerthen GUDDEN'schen Microtomes ausgeführt. Die meisten der im Folgenden näher bezeichneten Präparate befinden sich als Belagstücke noch in meinen Händen.

1. Bei der überwiegenden Mehrzahl der dicotylen Holzgewächse zeigt sich an älteren Seitenzweigen die Oberseite der Regel nach stärker gefördert, als die Unterseite. Ausgezeichnete Beispiele bieten die untersuchten Arten der Gattung *Tilia*, *Cydonia vulgaris*, *Pterocarya fraxinifolia*, *Fraxinus excelsior*, *Gleditschia latisiliqua*, *Corylus Avellana*, *Alnus incana*, *Calluna vulgaris*.

2. Verhältnismäfsig gering ist die Zahl derjenigen dicotyledonen Holzgewächse, deren Seitenzweige an der Unterseite sich stärker verdicken, als an der Oberseite. Besonders ausgesprochen zeigten mir diese Eigenthümlichkeit aufser dem schon von C. SCHIMPER namhaft gemachten *Buxus sempervirens* noch *Rhododendron ponticum*, *Arctostaphylos Uva ursi*[1]) und *Viscum album*.[2]) Aufserdem gehören hierher aber sämmtliche von mir untersuchte Coniferen, wenn die Hyponastie auch bei ihnen nicht überall gleich stark auftritt. So fand ich z. B. einige untersuchte Zweige von *Juniperus nana* an der Unterseite nur sehr wenig stärker gefördert, als an der Oberseite.

3. Bei einer Anzahl dicotyler Holzgewächse, welche an mehrjährigen horizontalen Zweigen die Epinastie des Holzkörpers sehr scharf ausgeprägt zeigen, fehlt dieselbe an dem ersten Jahresringe ganz oder ist an ihm und den ein bis zwei nächstfolgenden Jahresringen geringer ausgesprochen und tritt erst in den späteren Jahresringen erheblicher hervor. Beispiele bieten: *Cydonia vulgaris* (2, 3)[3]), *Fraxinus excelsior* (1), *Magnolia acuminata* (1, 2), *Prunus Padus* (1), *Robinia Pseud-Acacia* (1). *Salix nigricans* (1, 3. 6), *Tilia*-Arten.

4. Auch bei den hyponastischen Holzgewächsen findet häufig von dem ersten zu den nächstfolgenden Jahren eine Steigerung in der Ungleichmäfsigkeit des Dickenwachsthums statt. Beispiele: Zahlreiche Coniferen. *Viscum album* (vergl. unten Anm. 2).

[1]) Bei einer grofsen Anzahl (gegen 100) im Ober-Engadin von mir untersuchter Exemplare trat die Hyponastie an horizontalen Stämmchen mit wenigen Ausnahmen sehr deutlich hervor, besonders stark dann, wenn diese Stämmchen schon älter waren. Doch zeigte sich auch an genau verticalen Stämmchen, falls diese einem felsigen Substrat genähert waren, die dem letzteren zugekehrte Seite der Regel nach erheblich stärker entwickelt, als die ihm abgekehrte, freie Seite. An Zweigen, welche in der Nähe eines solchen felsigen Substrates in anderer als verticaler Richtung entlang wuchsen, zeigte sich der Einflufs des Substrates mit demjenigen der Stellung zur Lothlinie derart combinirt, dafs der Holzkörper an der schief nach unten und gegen das Substrat gekehrten Seite am breitesten war.

[2]) HOFMEISTER bezeichnet in seiner „Allgemeinen Morphologie der Gewächse" (p. 601) auffallender Weise *Viscum album* als epinastisch. Diese Angabe beruht schwerlich auf eigener Untersuchung; sie ist wahrscheinlich durch Mifsverständnifs der oben auf S. 2 reproducirten, allerdings sehr zweideutigen Bemerkung C. SCHIMPER's veranlafst worden. Ich selbst hatte Gelegenheit *Viscum album* in zahlreichen auf Apfelbäumen bei Meran schmarotzenden Exemplaren zu untersuchen und fand ältere, quergerichtete Internodien ausnahmslos sehr stark hyponastisch. An den jüngsten Zweigen ist die Hyponastie noch gar nicht oder nur schwach ausgesprochen.

[3]) Die hinter den einzelnen Arten in Parenthese befindlichen Zahlen beziehen sich auf die im „Speciellen Theile" unserer Abhandlung unter fortlaufender Nummer behandelten Einzelfälle.

5. Die Verschiedenheit im Dickenwachsthum der in den Zweigen epinastischer Holzgewächse aufeinandergelagerten Jahresringe steigert sich nicht selten dahin, dafs der Regel nach der erste oder die ersten deutlich an der Unterseite, die späteren dagegen an der Oberseite in der Entwickelung gefördert sind (Taf. II, Fig. 1). Der Uebergang von Hyponastie zu Epinastie kann dabei in den aufeinander folgenden Jahresringen durch allmähliche Abstufungen in der relativen Mächtigkeit von Ober- und Unterseite vermittelt werden, oder er kann ein plötzlicher oder ein durch Unregelmäfsigkeiten gestörter sein. Beispiele: *Acer Negundo* (2, 3 [im dreijährigen Theile, mit Ausnahme der ersten 3 Internodien, und im zweijährigen Theile], 5, 6), *Corylus Arellana* (1, 2, 3, 4, 5, 6), *Mahonia Aquifolium* (1), *Paria lutea* (1, 2, 3, 4, 5, 6, 7), *Ptelea trifoliata* (1, 2), *Robinia Pseud-Acacia* (2, 3, 4, 7, 8). *Salix nigricans* (4).

6. Das Gegenstück zu den sub 5. characterisirten Zweigen bieten solche (— wie es scheint, allerdings nur bei wenigen Arten vorkommende —) Zweige, bei denen die ersten 1 bis 2 Jahresringe epinastisch, die späteren dagegen hyponastisch sind. Es wurde dies beobachtet an drei 4- bis 7-jährigen Zweigen von *Lonicera orientalis* (1, 2, 4). sowie an zwei 7-jährigen Zweigen von *Rhus Cotinus*.

7. Die für bestimmte Arten oben angegebenen Regeln erleiden im Einzelnen zahlreiche Ausnahmen.

So kommt es bei Coniferen, wenn auch selten, vor, dafs zwischen den hyponastischen Jahresringen gelegentlich ein epinastischer eingeschaltet ist. Aehnliches wurde bei *Rhododendron ponticum* (1, 2) beobachtet.

Häufiger ist es, dafs bei Dicotyledonen an horizontalen Zweigen hyponastische mit epinastischen Jahresringen abwechseln. doch so. dafs die Zahl der epinastischen der Regel nach überwiegt, und der Zweig in seiner Gesammtheit an der Oberseite stärker gefördert erscheint. Beispiele: *Corylus Arellana* (4, Jahresr. 4), *Fraxinus excelsior* (2, Jahresr. 2), *Paria lutea* (3, Jahresr. 5; 4, Jahresr. 3).

Während bei gewissen Arten solche Ausnahmen von der Regel selten sind, und das Gesammtresultat nicht erheblich ändern (Coniferen, *Tilia*-Arten, *Corylus Arellana*), können sie bei anderen zahlreicher und ausgiebiger auftreten. Instructiv in dieser Beziehung zeigen sich: *Calycanthus occidentalis* (1, 2), *Liriodendron Tulipifera* (5, 6), *Salix nigricans* (5).

8. Von besonderer Wichtigkeit ist es, dafs derselbe Jahresring in verschiedenen Internodien desselben Sprosses sich verschieden verhalten, bald an der Oberseite, bald an der Unterseite oder nach einer anderen Richtung bevorzugt oder auch streckenweise allseitig gleichmäfsig gefördert sein kann. Specieller constatirt wurde diefs an

dem ersten (resp. zweiten) Jahresringe einiger Zweige von *Acer Negundo* (1, 2, 3) und *Robinia Pseud-Acacia* (5, 6). Des Vergleiches halber ist in den Tabellen ein einjähriger Zweig von *Castanea satira* (1) aufgeführt, dessen Internodien im Dickenwachsthum durchweg übereinstimmten.

9. Nachdem die bezeichneten, sehr erheblichen Unregelmäfsigkeiten hervorgehoben sind, wird es nicht Wunder nehmen, dafs die Untersuchung noch mancherlei andere Abweichungen von der streng regelmäfsigen Form der Epinastie und Hyponastie ergab.

An Zweigen, deren Jahresringe sämmtlich an der Oberseite oder sämmtlich an der Unterseite überwiegend verdickt sind, ist, wie sich aus den im zweiten Theile dieser Abhandlung mitgetheilten Einzelbefunden ergibt, doch das Verhältnifs beider stets ein mehr oder weniger schwankendes. Der Mangel einer strengen oder selbst nur annähernden Proportionalität zwischen den verschiedenen Theilen desselben und zwischen den correspondirenden Theilen aufeinanderfolgender Jahresringe veranlafsten mich, genauere Messungen, wie sie am Beginne der Untersuchung für eine Anzahl von Holzgewächsen ausgeführt wurden, als zur Zeit werthlos aufzugeben und mich mit annähernden Schätzungen zu begnügen. Unter den Einzelbeobachtungen finden sich nur wenige Messungen als Beispiele mitgetheilt.

Eine weitere, sehr häufig vorkommende Unregelmäfsigkeit besteht darin, dafs die Richtung stärkster Verdickung in einem Jahresringe nicht genau gegen den Zenith oder Nadir, sondern schief nach oben oder schief nach abwärts gekehrt ist. Aus den Einzelbeobachtungen ergibt sich sogar, dafs die letzteren Fälle entschieden die häufigeren sind. Dafs hierbei nicht nur constante, sondern auch wechselnde Einflüsse im Spiele sind, zeigen solche Zweige, bei denen die Richtung stärkster Entwickelung in den aufeinanderfolgenden Holzringen bald nach rechts, bald nach links neigt (z. B. *Magnolia acuminata*, 2, Jahresringe 4 bis 7).

Auch einseitig stärkste Entwickelung in horizontaler Richtung (ohne dafs diefs durch die Nähe eines Seitenzweiges veranlafst wäre) kommt gelegentlich vor, wenn auch im Ganzen seltener.

10. Wie die Coniferen und einzelne Familien der Dicotyledonen zeigen, ist ein Zusammenhang zwischen natürlicher Verwandtschaft und der Richtung, in welcher bei seitlich abgehenden Aesten überwiegendes Dickenwachsthum erfolgt, unverkennbar. Doch erleidet auch diese Regel Ausnahmen. Sehr belehrend ist in dieser Beziehung die Familie der Ericaceen. *Rhododendron ponticum* ist, wie oben hervorgehoben wurde, stark hyponastisch. Eine Abweichung wurde unter zahlreichen untersuchten horizontalen Zweigen nicht aufgefunden. Dieser Beständigkeit gegenüber ist es auffallend, dafs das nahe verwandte *Rho-*

dodendron ferrugineum[1]) sich im Dickenwachsthume horizontaler Zweige ganz schwankend zeigt. Es kommen zwar auch hier hyponastische Zweige vor; doch bildeten dieselben an meinem Untersuchungs-Materiale nicht einmal die Mehrzahl. Die stärksten der mir vorliegenden Zweige waren deutlich epinastisch. Fast noch unregelmäfsiger verhält sich *Erica carnea*[2]), bei der die stärkste Entwickelung des Holzkörpers in den verschiedensten Richtungen beobachtet wurde. Bei *Vaccinium uliginosum*[3]) fand ich unter 22 horizontalen Zweigstücken 8 an beiden Schnittflächen epinastische, 6 hyponastische. 3 solche, welche an dem einen Ende die Oberseite, an dem anderen Ende die Unterseite stärker gefördert zeigten. und 5 mit annähernd mittlerer Stellung des Markes. Auch *Vaccinium Myrtillus*[4]) zeigt ähnliche Ungleichmäfsigkeiten im Wachsthume des Holzkörpers: doch waren unter den mir vorliegenden Zweigen die epinastischen verhältnifsmäfsig ein wenig reichlicher vertreten. *Calluna vulgaris*[5]) fand ich fast durchweg stark epinastisch mit sehr ausgesprochener Neigung zu seitlicher Abplattung.

11. Die von C. SCHIMPER als „Diplonastic" bezeichnete Form des Dickenwachsthumes kommt bei einer Anzahl von Holzgewächsen. wie z. B. *Vitis vinifera, Tecoma radicans*[6]) entschieden vor; doch tritt die Erscheinung, dafs die Entwickelung des Holzkörpers in einer bestimmten, durch die Längsachse gelegten Ebene beiderseits annähernd gleichmäfsig am stärksten und in der hierauf senkrechten Längsebene beiderseits annähernd gleichmäfsig am schwächsten entwickelt ist, auch an genau verticalen Sprossen auf. Als eine ausschliefslich an Seitenzweigen vorkommende, der Epinastie und der Hyponastie gleichwerthige Form des Dickenwachsthumes ist mir die Diplonastie aus eigener Anschauung nicht bekannt. Möglich, dafs gewisse dicotyledone Pflanzen mit Phyllocladien sie zeigen.

Dagegen ist es eine bei vielen Holzgewächsen ziemlich beständige Erscheinung, dafs an seitlich gerichteten Zweigen der Querschnitt in verticaler Richtung einen gröfseren Durchmesser besitzt, als in horizontaler. Doch fand ich hiermit stets eine Neigung zu Epinastie oder Hyponastie verbunden.

Seitliche Abplattung bei Förderung der Oberseite zeigen sehr gewöhnlich (aber nicht immer!) *Alnus incana, Calluna vulgaris, Pterocarya fraxinifolia*.

Seitliche Abplattung bei Förderung der Unterseite beobachtete ich an älteren Zweigen von *Taxodium distichum*.

---

[1]) Oberhalb der Masul-Schlucht bei Meran in Südtyrol untersucht.
[2]) Vom Marlinger Berge bei Meran.
[3]) Im Ober-Engadin untersucht.
[4]) Ebenfalls vom Ober-Engadin.
[5]) Oberhalb Meran und im Schwarzwalde untersucht.
[6]) Beide Arten standen mir nur in jüngeren Zweigen zur Verfügung: ich vermag defshalb nicht anzugeben, ob die Diplonastie später erhalten bleibt.

Nicht gering ist die Zahl derjenigen Holzgewächse, bei denen der *Querschnitt* seitlich abgehender Zweige bald höher als breit, bald breiter als hoch ist. Beispiele hierfür bieten: *Liriodendron Tulipifera, Paria lutea, Rhododendron ferrugineum, Rh. ponticum, Robinia Pseud-Aracia.*

Schon die blofse Zusammenstellung der beobachteten Thatsachen läfst es nicht wahrscheinlich erscheinen, dafs die in Frage stehenden Ungleichmäfsigkeiten im Dickenwachsthum seitlich abgehender Achsen durch die Schwerkraft allein oder auch selbst nur in vorwiegendem Maafse bedingt werden.

Die erste Anlegung des Holzkörpers im Procambium der Leitbündel und dessen Dickenwachsthum durch tangentiale Längstheilungen der Cambiumzellen sind Vorgänge, welche bei Coniferen und Dicotyledonen im Wesentlichen nach gleicher Regel stattfinden. Es mufs defshalb von vornherein Bedenken erregen, wenn derselben Naturkraft — der Schwere — bei verschiedenen, zum Theil nahe verwandten Arten Beeinflussung dieser Vorgänge in entgegengesetztem Sinne zugeschrieben wird.

Wie aber erst, wenn die Beobachtung zeigt, dafs die aufeinanderfolgenden Jahresringe desselben Zweiges sich ungleich verhalten; dafs ausgesprochene Hyponastie oder Epinastie nicht selten erst in späteren Jahren hervortritt, während der erste oder die ersten Holzringe die Erscheinung in geringerem Maafse zeigen oder sich gar entgegengesetzt verhalten; dafs in älteren und jüngeren Theilen holziger Seitenäste zwischen epinastischen Jahresringen gelegentlich ein hyponastischer eingeschaltet sein kann und ebenso umgekehrt zwischen hyponastischen ein epinastischer und dafs Richtung und Betrag des stärksten Dickenwachsthums in den aufeinanderfolgenden Jahren sich in gröfseren oder geringeren Schwankungen bewegen, — ja, dafs derselbe Jahresring in verschiedenen Internodien desselben Sprosses, ohne dafs die Vertheilung der seitlichen Verzweigungen eine genügende Erklärung dafür böte, sich abweichend verhält?

Es drängt sich hier unmittelbar die Ueberzeugung auf, dafs die Schwerkraft, wofern ihr überhaupt eine Mitwirkung beim Zustandekommen der erörterten Erscheinungen zukommt, von sehr untergeordneter Bedeutung ist und dafs andere Momente wesentlich bestimmend sein werden, um die Richtung stärkster Verdickung in dem einen oder andern Sinne abzulenken.

Eine nähere Erörterung der Einflüsse, welche die Entwickelung der Pflanzensprosse vorwiegend bestimmen, wird nur dazu dienen können, diese Ueberzeugung zu befestigen. Sie wird gleichzeitig den Nachweis liefern, dafs der oberirdische beblätterte Sprofs überhaupt nicht das geeignete Object ist, um den Einflufs der Schwerkraft auf das Dickenwachsthum des Holzkörpers zu ermitteln, — dafs nur die Wurzel die hierzu nothwendigen Erfordernisse in sich vereinigt.

I.

Vor Allem ist darauf hinzuweisen, dafs die Ober- und Unterseite horizontaler und schiefgerichteter Sprosse nicht nur die Wirkung der Schwerkraft in entgegengesetztem Sinne erfahren, sondern dafs sie auch von anderen Agentien, deren hohe Bedeutung für das Pflanzenleben bekannt ist (— Licht, Wärme, feuchten Niederschlägen —) in verschiedenem Maafse beeinflufst werden.

In wieweit der Unterschied in der Beleuchtung der Ober- und Unterseite bei deren verschiedenem Dickenwachsthume ursächlich betheiligt ist, läfst sich nach den bisher erst sehr dürftigen, mit Bezug hierauf ermittelten Thatsachen zur Zeit kaum ermessen. Doch darf man von vornherein annehmen, dafs nur an jungen Seitenzweigen, deren Bastkörper noch schwach entwickelt und entweder nur von Rinde und Epidermis oder aufserdem nur von wenigen Korklagen umschlossen ist, eine erhebliche Lichtmenge bis zum Cambium vordringen wird. An vieljährigen Aesten, welche sich mit dicken Peridermschichten oder rissiger Borke bedeckt haben, finden die cambialen Zelltheilungsvorgänge wahrscheinlich in nahezu vollständiger Dunkelheit statt.

Bei Beurtheilung des Einflusses, welchen die stärkere Beleuchtung der Oberseite eines nicht verticalen Zweiges auf das Dickenwachsthum des Holzkörpers haben könnte, würde überdiefs zu berücksichtigen sein, dafs bei hyponastischen Zweigen sich mit dem Holzkörper auch der Bastkörper an der Unterseite der Regel nach entsprechend stärker verdickt, als an der Oberseite, und bei epinastischen Zweigen der Bastkörper der Oberseite stärker, als der der Unterseite. Diefs wird nothwendig zur Folge haben, dafs, wo überhaupt noch Licht bis zum Cambium vorzudringen vermag, die Differenz der Beleuchtung zwischen Ober- und Unterseite bei hyponastischen Zweigen zu Gunsten der Oberseite vermehrt, bei epinastischen Zweigen dagegen vermindert, ja vielleicht ganz aufgehoben oder in das Gegentheil umgekehrt wird.

Beim Dickenwachsthum des Holzkörpers sind sowohl Zelltheilung als Zelldehnung betheiligt. Beide werden in den bisher darauf untersuchten Fällen vom Lichte nicht in gleicher Weise beeinflufst. Wie FAMINTZIN zeigte, finden bei Spirogyra, wofern das nothwendige Material zum Aufbau der Zellwände in der Form von Stärke vorhanden ist, die Theilungen unabhängig vom Lichte statt[1]), während das Längenwachsthum der Zellen durch Dunkelheit begünstigt wird[2]). Letzteres ist bekanntlich meist auch bei den höheren Pflanzen der Fall, wie die Erscheinungen des Vergeilens und des positiven Heliotropismus zeigen. Doch würde es sehr voreilig sein, wollte man die an wenigen Pflanzen gewonnenen

---

[1]) A. FAMINTZIN, Die Wirkung des Lichtes auf die Zelltheilung der Spirogyra (Mél. phys. et chim. de l'Acad. impér. de St. Petersbourg, t. VII, Versuch 1 auf S. 24 des Sep.-Abdr.).

[2]) l. c., p. 28.

3

und nur für deren Längenwachsthum festgestellten Thatsachen ohne Weiteres für die Erklärung der Erscheinungen ungleichen Dickenwachsthums verwerthen. Bei diesem fehlt für die Beurtheilung der Lichtwirkungen vorläufig noch jeder feste Anhalt.

Bezüglich der Wärmewirkungen sind die Verhältnisse kaum weniger verwickelt.

Dafs, wie alle übrigen Zelltheilungen, auch die im Cambium stattfindenden von der Temperatur beeinflufst werden, darf von vornherein als selbstverständlich gelten. Weiter werden wir annehmen dürfen, dafs Steigerung der Temperatur von einem Minimum bis zu einem Optimum die Lebhaftigkeit der Zellvermehrung im Cambium fördern und weitere Steigerung vom Optimum bis zu einem Maximum sie allmählich vermindern wird. Diese Minimal-, Optimal- und Maximal-Temperaturen werden, wie bei anderen von der Wärme abhängigen Entwicklungsvorgängen, auch hier für verschiedene Pflanzen ungleiche Werthe besitzen.

Wären nun die bezeichneten Daten, was nicht der Fall ist, sämmtlich bekannt, so bliebe immer noch zu ermitteln, ob bei einem geneigten Seitenzweige der gröfsere Wärmegewinn der Oberseite durch Besonnung den gröfseren Wärmeverlust durch Ausstrahlung während des Verlaufes der Jahresringbildung überwiegt oder ob das Umgekehrte der Fall ist. Die Lösung dieser Frage liefse sich in einer forstlichen Versuchs-Station durch Beobachtung von Thermometern, welche an älteren horizontalen Zweigen von Holzgewächsen an der Ober- und Unterseite bis zum Cambium eingeführt und gegen directe Insolation geschützt sind, wol ermöglichen. Für unseren Zweck brauchbare Resultate würden sich natürlich nur dann gewinnen lassen, wenn die Beobachtungen nicht nur an Zweigen verschiedener Arten und bei derselben Art an solchen von verschiedenem Alter, sondern wenn sie auch an mehreren Zweigen derselben Art und gleichen Alters ausgeführt würden, von denen einige direct besonnt, andere tief beschattet sind.

Neben der directen Beeinflussung der Zelltheilungen im Cambium durch die Wärme blieben dann immer noch deren indirecte Wirkungen in Betracht zu ziehen. Wie G. KRAUS [1]) jüngst gezeigt hat, „treibt Temperaturerhöhung Wasser aus dem Holze in die Rinde". Ohne dafs der Durchmesser des Holzkörpers sich wesentlich dadurch ändert, „nehmen Baumäste in höherer Temperatur an Spannung, Dicken-Durchmesser und Wassergehalt der Rinde zu". Haben diese zur Winterszeit gewonnenen Ergebnisse, wie es nach anderweitigen Versuchsresultaten desselben Forschers allerdings wahrscheinlich ist, aber noch unmittelbar festzustellen sein würde, auch während der Sommermonate Geltung, und hat der höhere Wassergehalt der Rinde, (worunter alle aufserhalb des Holzkörpers befindlichen Gewebe verstanden werden), auch einen entsprechend gröfseren Turgor der Cambiumzellen zur Folge, so wäre

---

[1]) Ueber die Wasservertheilung in der Pflanze, I. (Sonderabdr. aus der Festschr. der Naturf.-Gesellsch. zu Halle, 1879), p. 50.

durch letzteren Umstand die stärker erwärmte Seite im Wachsthum bevorzugt: doch würde dem gröfseren Turgor die gleichzeitige Steigerung der Gewebespannung entgegenwirken, welche, wie aus den später zu erwähnenden Versuchen von DE VRIES hervorgeht, für sich allein den Betrag des Dickenwachsthumes herabmindert.

Eine weitere indirecte Einwirkung der Wärme auf den Wassergehalt und Turgor der Cambiumzellen betrifft den Wasserverlust der Achsenglieder und der von ihnen entspringenden Laubblätter durch Verdunstung.

Zwar sind die wasserreichen Gewebe der Achsen gegen allzureichliche Verdunstung durch die Verkorkung ihrer äufseren Gewebe geschützt. In der Jugend versieht diese Function die Epidermis mit der sie bedeckenden Cuticula und den Cuticularschichten ihrer Aufsenmembranen; später treten Periderm und Borke an ihre Stelle. Doch ist der Wasserverlust der inneren Gewebe hierdurch wohl beschränkt. aber nicht aufgehoben, da verkorkte Membranen für Wasser in tropfbar flüssiger Form und als Gas zwar schwer durchgängig, aber nicht ganz undurchgängig sind. An jüngeren Sprossachsen findet dabei durch die Spaltöffnungen und später durch die Lenticellen noch eine von der Permeabilität der verkorkten Aufsenmembranen unabhängige Communication zwischen Atmosphäre und Rindengewebe statt.

Wurde von HABERLANDT[1] an den jungen Internodien einjähriger horizontaler Zweige von Holzgewächsen die Zahl der Spaltöffnungen an Ober- und Unterseite annähernd gleich gefunden, so stellte sich seinen Beobachtungen zufolge später für die Lenticellen ein sehr abweichendes Verhältnifs heraus. An jüngeren Zweigen fand er sie an der Unterseite zahlreicher, als an der Oberseite. „Diese Verhältnifszahl ändert sich nicht nur mit der Species, sondern auch mit dem Alter des Zweiges. Im Allgemeinen wird die ungleichmäfsige Vertheilung der Lenticellen allmälig ausgeglichen. was sich an Ulmenzweigen schon im 3. bis 5. Jahre geltend macht, bei *Triaenodendron* jedoch am längsten hinausgeschoben wird."[2]

Es wäre nun zu untersuchen, ob an horizontalen und schiefgeneigten Achsen der Wasserverlust durch Verdunstung, trotz der Verschiedenheit der äufseren Einflüsse, welche an der Ober- und Unterseite die Verdunstung bedingen, sich als ein allseitig gleichmäfsiger herausstellt, oder ob. wie diefs von vornherein wahrscheinlich ist, Ober- und Unterseite sich hierin verschieden verhalten. Sollte sich, was zu vermuthen steht, ergeben, dafs an jungen Zweigen die Oberseite stärker verdunstet, als die Unterseite, so würde hierin die von HOFMEISTER[3] gemachte interessante Beobachtung, dafs die Gewebe der oberen Hälfte geneigter

[1] Beiträge zur Kentnifs der Lenticellen (in den Sitzungsber. der Wiener Akad. d. W., Juli 1875).
[2] S. 26 des Sep.-Abdr.
[3] Allgem. Morphol. d. Gew., p. 601.

3*

junger Zweige ein gröfseres specifisches Gewicht besitzen, als die untere Hälfte, wol zum Theil ihre Erklärung finden.

Eine andere Beobachtung, welche zu der uns beschäftigenden Aufgabe unzweifelhaft in Beziehung steht, sich einer wissenschaftlichen Verwerthung zur Zeit aber noch entzieht, erwähnt GELESNOFF [1]. Nach ihm ist in jenen Zweigen, wo das Mark unter dem geometrischen Centrum des Zweigquerschnittes liegt, der Wassergehalt der unteren Hälfte gröfser, als der der oberen; in den Zweigen der Coniferen, wo das Mark höher als das geometrische Centrum liegt, ist dagegen die obere Hälfte feuchter, als die untere. Für die vorliegende Frage wäre es von Interesse, zu ermitteln, ob der gröfsere Turgor der Cambiumzellen dem gröfseren Wassergehalte des Holzes correspondirt oder nicht.

II.

In vorstehenden Bemerkungen war des Einflusses gedacht, welchen die Gesammtsumme der den verschiedenen Theilen eines nicht verticalen Zweiges zugeführten Wärme und Lichtes auf das ungleiche Dickenwachsthum der secundären Gewebe der Ober- und Unterseite nothwendig haben mufs.

Eine andere Aufgabe ist es, zu untersuchen, ob die gröfseren Schwankungen von Licht und Dunkelheit, von Wärme und Kälte, von Befeuchtung und Trockenheit an der Oberseite eines Zweiges nicht für sich allein das Wachsthum der Jahresringe zu beeinflussen vermögen.

Dafs der Wechsel im Grade der Beleuchtung und der Temperatur an sich einen unmittelbaren Einflus ausübt, wäre von vornherein wohl denkbar. Untersuchungen, welche die Abhängigkeit des Dickenwachsthums von Licht- und Wärmeschwankungen zum Gegenstande haben, liegen meines Wissens nicht vor. Wäre es gestattet, die von PEDERSEN [2] für das Längenwachsthum der Keimwurzeln von Vicia Faba erhaltenen Resultate ohne Weiteres für die vorliegende Frage zu verwerthen, was nicht zulässig ist, so würde die Antwort, soweit sie die directe Wirkung der Temperaturschwankungen betrifft, negativ ausfallen.

Dafür sind wir aber im Stande, uns von der indirecten Wirkung der Schwankungen von Temperatur und Feuchtigkeitsgehalt auf Ober- und Unterseite eines seitlich gerichteten Zweiges eine greifbare Vorstellung zu machen.

Geringe Regenmengen kommen an dickeren Seitenzweigen nur der Oberseite zu Gute; sie dringen hier in die Fugen der Borke ein, bevor das Wasser Zeit hat, an den

---

[1] Ueber die Quantität und Vertheilung des Wassers in den Pflanzen. (Arbeiten der St. Petersb. Ges. d. Naturf., Band V., Heft 2 [1874] und JUST's Botan. Jahresber., II. [1874]. p. 756.)

[2] „Haben Temperaturschwankungen als solche einen ungünstigen Einflus auf das Wachsthum?" (Arbeiten des botanischen Institutes in Würzburg. Band I., Heft 4 [1874]. p. 563 ff.)

Seiten abwärts zu fliefsen und auch die Unterseite zu netzen. Ist der Regenfall ein ausgiebigerer und gelangt eine beträchtliche Wassermenge auch an die Unterseite der Zweige, so wird sie sich bei der Rückkehr sonnenheller Witterung hier länger halten, als oben. Von gröfstem Einflusse wird hierbei die Lage des Zweiges gegen den Meridian, seine Stellung im Gesammtbau des Pflanzenstockes und der Grad seiner Beschattung sein. Ist er nach aufwärts und nach derjenigen Richtung hin, aus welcher die betreflende Oertlichkeit den gröfseren Theil ihrer feuchten Niederschläge empfängt, durch ein dichtes Laubdach geschützt, so werden die Extreme in der Benetzung der Borke an der Oberseite im Verhältnifs zu denen an der Unterseite geringer ausfallen müssen, als wenn der Zweig fast nach allen Seiten frei exponirt ist. Dasselbe gilt natürlich auch von der Wärme, die auf den Feuchtigkeitsgehalt der Rinde ihrerseits wieder zurückwirkt. Steht ein Baum im geschlossenen Bestande des Waldes, wo die Sonnenstrahlen nur spärlich und für kurze Zeit Zutritt finden, wo der Regen zum gröfseren Theile vom Laubdache abfliefst, ohne die Borke der Zweige zu erreichen, und die Luft meist mit Wasserdampf reich beladen ist, so werden die Zweige und insbesondere deren Oberseite einen sehr viel geringeren Wechsel in Temperatur und Feuchtigkeitsgehalt erleiden, als wenn, bei freiem Standorte, alle Atmosphärilien ungehindert Zutritt haben. Auch an demselben Baume werden die verschiedenen Aeste sich aus denselben Ursachen sehr ungleich verhalten.

Ein rascher Wechsel von Wärme und Kälte, von Trockenheit und Feuchtigkeit, wie er in höherem Maafse an der Oberseite der Zweige stattfindet, wird nothwendig zur Folge haben, dafs die nach aufsen gekehrten Gewebe (Epidermis, Periderm, Rinde, Borke) hier sich stärker und in rascherer Folge bald ausdehnen, bald zusammenziehen. Da die äufsersten Gewebeschichten an älteren Zweigen stets aus plasmaleeren, abgestorbenen Zellen bestehen, so mufs die fortdauernde Volumenveränderung ihr Gefüge in ähnlicher Weise lockern, wie wir es an der frischen, der ungehinderten Einwirkung der Atmosphärilien ausgesetzten Bruchfläche eines porösen Gesteines beobachten. Die äufseren Partieen der Borke werden also dem von innen durch den sich erweiternden Holzkörper auf sie geübten Druck, welcher sich bekanntlich in einer Transversalspannung äufsert, an der Oberseite horizontaler Zweige im Allgemeinen einen geringeren Widerstand entgegensetzen, als an deren Unterseite.

Nun wissen wir aus den älteren Versuchen von KNIGHT [1]), und besonders aus den auf Anregung von SACHS unternommenen Untersuchungen von HUGO DE VRIES [2]), dafs

---

[1]) Veröffentlicht in den Philosophical Transactions (1801—1808); übersetzt in TREVIRANUS, Beiträge zur Pflanzen-Physiologie, p. 137—138 (citirt bei KRAUS, Botan. Zeitung, 1867, p. 140, Sp. 1 und Anm.).

[2]) De l'influence de la pression du liber sur la structure des couches ligueuses annuelles (Extrait des Archives Néerlandaises, t. XI., 1876).

der von Holz und Bast auf das Cambium geübte Druck dessen Zelltheilungen und die Ausbildung der jüngeren Elementarorgane des Holzkörpers in hervorragender Weise beeinflufst. Wird der Druck auf künstlichem Wege vermindert, so steigt nicht nur die Zahl der tangentialen Zelltheilungen, und es finden dieselben noch zu einer vorgerückten Jahreszeit statt, wo sie unter natürlichen Verhältnissen schon erloschen sein würden, sondern es dehnen sich die im Herbste gebildeten Elementarorgane des Holzkörpers auch in radialer (beziehungsweise tangentialer) Richtung mehr aus, und es werden die Gefäfse nicht nur weitlumiger, sondern auch zahlreicher, als sie es im normalen Herbstholze sind. Umgekehrt nimmt das Gewebe schon im Frühjahr den Character des Herbstholzes an, wenn der von Rinde und Bast auf das Cambium geübte Druck künstlich gesteigert wird.[1]

Die schon früher[2] von mir ausgesprochene Ueberzeugung, dafs die bei den seitlich gerichteten Zweigen vieler dicotyledoner Holzgewächse so scharf ausgesprochene Epinastie zum grofsen Theile in diesen Verhältnissen begründet sei, legte mir den Wunsch nahe, durch exacte Versuche eine Unterlage hierfür zu gewinnen.

Von KRAUS[3], welchem wir die erste Untersuchungsreihe über Transversalspannung zwischen Holz- und Rindengeweben verdanken, war als Maafs der Spannungsintensität die Verkürzung angenommen, welche an einer Querscheibe ein Rindenstreifen nach Ablösung vom Holzkörper im Verhältnifs zu dessen Umfang erleidet. Doch müfste, um die beobachtete Dimensionsänderung in diesem Sinne verwerthen zu können, der Elasticitätsmodul sowohl der passiv gespannten Rindengewebe als des activ gespannten Holzkörpers bekannt sein, dessen Ermittelung mit kaum zu überwindenden practischen Schwierigkeiten verknüpft sein würde. Aufserdem ist zu berücksichtigen, dafs an Querscheiben, welche aus dem Verbande eines Zweiges herausgeschnitten werden, die in der lebenden Pflanze vorhandene Transversalspannung nothwendig eine Verminderung erleiden mufs, da dem activ gespannten Holzkörper nun die Möglichkeit geboten ist, sich in longitudinaler Richtung auszudehnen, der passiv gespannten Rinde, sich in derselben Richtung zu verkürzen.[4] Ein directes, wenn auch freilich nur annäherndes, Maafs für die Spannungsintensität würde sich gewinnen lassen, wenn es ausführbar wäre, den Rindenstreifen über dem zugehörigen Stücke des Holzkörpers durch Anhängen von Gewichten auf die ursprüngliche Länge wiederauszudehnen. Doch ist, da gleichzeitig die Adhäsion zwischen beiden feuchten Oberflächen zu überwinden sein würde, dieser Weg von vornherein ausgeschlossen.

---

[1] l. c., p. 37 u. 39.
[2] Sitzungsberichte der Gesellsch. naturforschender Freunde zu Berlin, 1877, p. 31.
[3] Die Gewebespannung des Stammes und ihre Folgen (Botan. Zeitung, 1867, p. 114).
[4] Vergl. auch die Auseinandersetzungen über Gewebespannung in NAEGELI und SCHWENDENER's Mikroskop, 2. Aufl. (1877), p. 398 ff. und in PFEFFER's Pflanzen-Physiologie, II. (1881), p. 35 ff.

Noch weniger zuverlässig, als die von KRAUS angegebene Methode, ist wol das von DETLEFSEN[1]) empfohlene Verfahren, die Unterschiede in der Transversalspannung nach der Beschaffenheit der Rinden-Oberfläche zu bemessen. Da, wo dieselbe glatt ist, nimmt genannter Forscher eine relativ starke, wo sie faltig ist, eine relativ schwache Spannung zwischen Holzkörper und Rinde an. Es wird sich aber im Einzelnen niemals mit irgend welcher Genauigkeit abschätzen lassen, wie viel von solchen Runzelungen auf Rechnung localer Gewebewucherungen zu stellen und wie viel die Folge davon ist, dafs die äufseren, nicht mehr wachsenden Schichten in ihrer Gesammtheit zu grofs für das innere Gewebe geworden sind.

Da meine Bemühungen, einen Apparat zu construiren, welcher die Intensität der Querspannung zwischen Holz und Rindengeweben und ihre zeitliche Aenderung an Stämmen und Zweigen lebender Holzgewächse direct abzulesen gestattet, noch nicht zu befriedigenden Ergebnissen geführt haben, gebe ich im Folgenden die Resultate einiger im Sommer 1878 nach der KRAUS'schen Methode ausgeführten Bestimmungen. Dieselben machen es zum Mindesten wahrscheinlich, dafs bei stark epinastischen Dicotyledonen, wie *Tilia*, die Transversalspannung an der Unterseite horizontaler Zweige der Regel nach stärker ist, als an der Oberseite.

An den für die Untersuchung ausgewählten, möglichst annähernd horizontalen Aesten wurde zunächst eine gute, zur Längsachse senkrechte Schnittfläche hergestellt, an dieser Ober- und Unterseite genau bezeichnet, und durch einen parallel zu dem ersten geführten Schnitt eine etwa 1 bis 1,5 cm dicke Scheibe abgetrennt. Nachdem hierauf die in und nahe der Horizontalebene des Zweiges liegenden Randpartieen beider Schnittflächen mittels eines scharfen Messers sorgfältig geglättet waren, wurde die Scheibe in einer zu den Schnittflächen senkrechten, genau in der Horizontalen und durch die Mitte des Markes verlaufenden Ebene in einen oberen und unteren Theil zerlegt. Um eine Zerfaserung der Rindengewebe zu verhüten, mufste auch hierzu ein sehr scharfes Messer verwendet werden. An jedem der beiden Theile wurden nun die Rindengewebe am Cambium behutsam vom Holzkörper abgelöst und beide derart wieder aufeinandergelegt, dafs an dem einen Ende die Ränder sich genau deckten. Die Verkürzung, welche die Rindengewebe erfahren hatten, wurde durch genaue Messung des Abstandes der beiden Ränder am anderen Ende festgestellt. Aufserdem wurde der Umfang des Holzkörpers an der halbirten Stammscheibe bestimmt. Das Verhältnifs der beiden Werthe ist der Ausdruck für die relative Verkürzung der Rindengewebe.

Um die Dicke des Holzkörpers zu messen, bediente ich mich eines sorgfältig gearbeiteten Maafsstabes aus Wachstuch, das durch eingewebte Metallfäden widerstandsfähiger gemacht war. Zur Bestimmung des Abstandes der Ränder von Holz und Rindengeweben an

---

[1]) l. c., p. 5.

—꞊ 24 ꞊—

den Scheibenhälften wurde ein besonders genau gearbeiteter Caliber-Maafsstab mit verschiebbaren Stahlspitzen benutzt, dessen Nonius eine Ablesung bis 0,05 mm leicht und sicher gestattete. Die auf die angegebene Weise durch Messung gewonnenen Werthe sind mit einer Fehlerquelle behaftet, deren störende Wirkung durch die Sorgfalt des Beobachters wohl vermindert, aber nicht ganz beseitigt werden kann. Gleich bei den ersten, mit stark epinastischen Zweigen von *Tilia parvifolia*, *Liriodendron Tulipifera* und *Corylus Avellana* angestellten Vorversuchen stellte sich heraus, dafs der Betrag der Verkürzung des Rindenringes nicht unerheblichen Schwankungen unterliegt, je nachdem man denselben mehr oder weniger fest auf den Holzkörper auflegt. Bei dünneren Zweigen, wo die Verkürzung an sich eine geringe und eine genaue Messung hierdurch erschwert ist, fallen diese Schwankungen natürlich mehr ins Gewicht, als bei kräftigeren Aesten. Die folgenden Angaben beziehen sich defshalb zum gröfseren Theile auf Aeste, welche etwa armsdick sind. Alle an beträchtlich schwächeren Zweigen angestellten Messungen sind, als nicht genügend zuverlässig, im Folgenden weggelassen.

1. *Tilia parvifolia* Ehrh. Nahezu horizontaler, stark epinastischer Ast, in etwas mehr als 0,5 m von seiner Ursprungsstelle untersucht (9. Juli 1879):

	Oberer Theil.	Unterer Theil.
Umfang des Holzkörpers . .	131 mm	89 mm
Verkürzung der Rindengewebe	1,3 "	1,9 "
desgl. in Proc.	0,992	2,135

2. Andere Scheibe desselben Astes (9. Juli 1879):

	Oberer Theil.	Unterer Theil.
Umfang des Holzkörpers. . .	133 mm	92,5 mm
Verkürzung der Rindengewebe	1,4 "	1,7 "
desgl. in Proc. .	1,053	1,838

3. Nahezu horizontaler Seitenzweig des sub 1. bezeichneten Astes, stark epinastisch (9. Juli 1879):

	Oberer Theil.	Unterer Theil.
Umfang des Holzkörpers . .	56,5 mm	43 mm
Verkürzung der Rindengewebe	0,4 "	0,6 "
desgl. in Proc.	0,708	1.395

4. Anderer, nahezu horizontaler Seitenzweig des sub 1. bezeichneten Astes, stark epinastisch (9. Juli 1879):

	Oberer Theil.	Unterer Theil.
Umfang des Holzkörpers . . .	50,5 mm	35,5 mm
Verkürzung der Rindengewebe	0,5 "	0,6 bis 0,7 mm
desgl. in Proc.	0,990	1,690 bis 1,972, im Mittel 1,831

5. *Tilia grandifolia* Ehrh. Nahezu horizontaler, stark epinastischer Ast, in ohngefähr 170 cm Entfernung von seiner Basis untersucht (19. Juli 1879):

	Oberer Theil.	Unterer Theil.
Umfang des Holzkörpers . . .	181 mm	110 mm
Verkürzung der Rindengewebe	2,2 "	1,8 "
desgl. in Proc.	1,215	1.636

6. Derselbe, nahezu horizontale Ast von *Tilia grandifolia* Ehrh., in ohngefähr 311 cm Entfernung von der Ursprungstelle am Hauptstamme untersucht, hier ebenfalls stark epinastisch (19. Juli 1879):

	Oberer Theil.	Unterer Theil.
Umfang des Holzkörpers. . .	131,5 mm	86 mm
Verkürzung der Rindengewebe	1,7 „	1,5 „
desgl. in Proc.	1,293	1,744

7. *Picea excelsa* (Lam.). Fast genau horizontaler, stark hyponastischer Zweig, in etwas mehr als 60 cm Entfernung von seiner Basis untersucht (9. Juli 1879):

	Oberer Theil.	Unterer Theil.
Umfang des Holzkörpers. . .	99 mm	133 mm
Verkürzung der Rindengewebe	1,1 „	1,5 „
desgl. in Proc.	1,111	1,128

8. Andere Querscheibe des sub 7. bezeichneten Astes von *Picea excelsa*, noch etwa 50 cm weiter von seiner Basis entfernt, ebenfalls stark hyponastisch (9. Juli 1879):

	Oberer Theil.	Unterer Theil.
Umfang des Holzkörpers. . .	100 mm	150,5 mm
Verkürzung der Rindengewebe	1,2 „	1,6 „
desgl. in Proc. . . .	1,200	1,063

9. *Pinus Strobus* L. Nahezu horizontaler, nicht sehr stark hyponastischer Zweig, in etwa 70 cm Entfernung von der Basis untersucht (19. Juli 1879):

	Oberer Theil.	Unterer Theil.
Umfang des Holzkörpers. . .	109 mm	132 mm
Verkürzung der Rindengewebe etwa	0,9 „ etwa	1 „
desgl. in Proc. . . .	0,826	0,757

10. Derselbe Zweig, in etwa 120 cm Entfernung von der Basis untersucht, hier noch etwas weniger stark hyponastisch, als an der sub 9. bezeichneten Stelle (19. Juli 1879):

	Oberer Theil.	Unterer Theil.
Umfang des Holzkörpers. . .	104,5 mm	114 mm
Verkürzung der Rindengewebe	1,2 „	2 „
desgl. in Proc. . . .	1,148	1,754

11. Derselbe Zweig, in etwa 192 cm Entfernung von der Basis untersucht, an dieser Stelle sehr schwach hyponastisch (rechte Seite stärker entwickelt, als die linke) (19. Juli 1879):

	Oberer Theil.	Unterer Theil.
Umfang des Holzkörpers. . .	93,5 mm	102 mm
Verkürzung der Rindengewebe	1,7 „	2 „
desgl. in Proc.	1,818	1,961

Aus vorstehenden Zahlen ergibt sich, dafs, unserer Voraussetzung entsprechend, bei den stark epinastischen *Tilia parvifolia* und *T. grandifolia* (1—6) die Verkürzung an der Oberseite der untersuchten Zweige durchweg schwächer, als an der Unterseite war. Bei den Coniferen (*Picea excelsa* und *Pinus Strobus*) verhielten sich nicht sämmtliche Zweige übereinstimmend. In drei Fällen war auch hier die Verkürzung an der Unterseite stärker (7, 10 und 11); doch wie die Zahlen aufweisen, war der Unterschied im Allgemeinen ein geringerer, als bei *Tilia*. In zwei Fällen dagegen (8, 9) zeigte sich die Unterseite der Oberseite gegenüber deutlich bevorzugt.

Ist unsere Ansicht richtig, dafs die Verminderung des Rindendruckes an der Oberseite horizontaler und schief gerichteter Zweige bei der Epinastie der meisten dicotyledonen Laubhölzer in erheblichem Maafse betheiligt ist,[1]) so wird auch der microscopische Befund ihr zur Stütze dienen müssen. Wir werden dann erwarten dürfen, dafs der obere und breitere Theil der Jahresringe nicht nur aus Zellen zusammengesetzt ist, welche in radialer Richtung stärker gestreckt sind, sondern dafs auch die Gefäfse hier entsprechend umfangreicher sind und dafs dieselben gegenüber der Unterseite an Zahl relativ überwiegen; es wird mit einem Worte der **untere Theil** eines sehr stark epinastischen Jahresringes vorwiegend den **Character des Herbstholzes**, der obere Theil vorwiegend den **Character des Frühlingsholzes annehmen.**

Bei der Mehrzahl der von mir hierauf untersuchten Arten war diefs auch unzweifelhaft der Fall. Zur Nachuntersuchung sind als gute Beispiele zu empfehlen: *Tilia parvifolia* (Taf. I, Figg. 1 und 2), *Pterocarya fraxinifolia* (Taf. I, Figg. 3 und 4), *Magnolia acuminata, Gleditschia latisiliqua, Salix nigricans, Prunus Padus.*

Andere Arten verhalten sich indefs abweichend hiervon. So wurde bei *Corylus Avellana* mehrfach constatirt, dafs an deutlich epinastischen Jahresringen der untere, schmälere Theil relativ mehr Gefäfse enthielt, als der obere, breitere, während andere Zweige der vorstehend bezeichneten Regel folgten.

---

[1]) Wie sehr das Dickenwachsthum des Holzkörpers durch Verminderung des Druckes gefördert wird, zeigen unter Anderem auch die an Frostspalten und anderen Wundstellen sich bildenden Ueberwallungswülste. Sehr stark treten sie besonders an solchen Frostspalten hervor, die sich in jedem Winter von Neuem öffnen. Von der Wunde nimmt die Holzbildung nach allen Seiten hin an Mächtigkeit ab. Schliefst sich die Wunde, so wird die Holzbildung aufserhalb derselben von nun ab geringer.

Mit dem geringeren Drucke, welcher an der Oberseite vieler horizontaler Zweige auf dem Cambium lastet, hängt es wahrscheinlich auch zusammen, dafs hier zahlreichere Adventivknospen hervortreten, als an der Unterseite, wenn es auch wahrscheinlich ist, dafs die Schwerkraft hierbei ursächlich betheiligt ist. (Vergl. die von mir angeführten, in der Botan. Zeitung 1876 p. 362 mitgetheilten Versuche und besonders VOECHTING, Ueber Organbildung im Pflanzenreiche (1878), p. 164 ff. Dafs die an der Oberseite stärker hervortretenden Temperatur- und Feuchtigkeitsschwankungen und die hierdurch bewirkte Auflockerung der Rinde dabei mitwirkt, geht daraus hervor, dafs auch verticale Stämme und Zweige, wenn sie durch Entfernung benachbarter Bäume einseitig dem freien Einflusse der Atmosphärilien ausgesetzt werden, hier zahlreichere Adventivknospen hervorbringen.

Von anderen Thatsachen, welche zeigen, dafs Verminderung des Druckes die Neubildung adventiver Sprossungen begünstigt, führe ich das Hervorbrechen von Adventivzweigen an solchen Stellen älterer Stämme (z. B. von *Tilia parvifolia*) an, wo der Zusammenhang der äufseren Gewebeschichten durch früher hervorgetretene Adventivzweige schon gelockert ist (sog. Maserbildung); ferner das von mehreren Beobachtern constatirte häufige Hervorbrechen von Adventivwurzeln aus Lenticellen, was zu der selbst von namhaften Forschern getheilten irrigen Ansicht Veranlassung gegeben hat, dafs die Lenticellen Wurzelknospen seien (cf. STAHL, Entwickelungsgeschichte und Anatomie der Lenticellen in der Botan. Zeitung 1873, p. 562—563 und HABERLANDT, l. c., p. 10).

Es ist klar, dafs die besprochenen Verschiedenheiten in dem Umfange und der Vertheilung der Gefäfse auf das specifische Trockengewicht des Holzes von nachweisbarem Einflusse werden sein müssen. Wo die Gefäfse gröfser und zahlreicher sind, mufs das Trockengewicht nothwendig herabgedrückt werden, falls nicht andere Einflüsse entgegenwirken.
Eine gröfsere Beobachtungsreihe liegt meines Wissens zur Zeit hierüber noch nicht vor.[1]

Je nach der histologischen und chemischen Beschaffenheit der Epidermis, Rinden-
und Bastschichten wird die Verschiedenheit des Druckes, welcher auf dem Cambium der
Ober- und Unterseite horizontaler und geneigter Zweige lastet, sehr verschiedene Werthe annehmen müssen. Herrschen in Rinde und Bast Elementarorgane vor, welche stark verdickt
und in tangentialer Richtung zugfest verbunden sind, und ist deren Anordnung eine solche,
dafs sie das Cambium in geschlossenem Hohlcylinder umfassen, so wird der Wechsel in der
Temperatur und dem Feuchtigkeitsgehalte der Aufsenschichten eine sehr viel geringere Auflockerung und Druckverminderung an der Oberseite zur Folge haben, als da, wo die Zellen
zartwandig und dehnbar sind, oder wo, wie bei den *Tilia*-Arten und bei *Liriodendron
Tulipifera*, die zu den einzelnen Leitbündeln gehörigen Streifen stark verdickter Bastzellen durch saftreiche, die primären Markstrahlen des Holzkörpers nach aufsen fortsetzende
Gewebepartieen getrennt sind, welche durch nachträgliche Theilungen der Dehnung des
Holzkörpers zu folgen vermögen. Auch gewisse Stoffe, wenn sie in der Rinde oder im Baste
in gröfserer Menge vorkommen, werden deren Widerstandsfähigkeit gegen den vom Holzkörper auf sie geübten Druck oder gegen die äufseren Agentien, welche auf die Dehnung und
Lockerung der peripherischen Schichten hinarbeiten, zu steigern vermögen. In diesem Sinne
ist der reiche Gehalt der meisten Coniferen an Harzen und ätherischen Oelen wahrscheinlich
nicht ohne Bedeutung. Ja, es wäre wohl denkbar, dafs durch die höheren Temperaturgrade,
welche auf die Oberseite horizontaler und geneigter Zweige, wo sie frei exponirt sind, zeit-
weise bei Besonnung einwirken, bei einzelnen Holzgewächsen in gewissen, ihnen eigen-
thümlichen Stoffen chemische Veränderungen[2] eingeleitet werden, welche die Widerstandsfähigkeit der von ihnen durchtränkten Membranen gegen den von innen aus wirkenden Druck
hier steigern. Dann würde sich das Verhältnifs der Querspannungen an Ober- und Unterseite umkehren.

Die obigen, freilich noch sehr einer Vervollkommnung und Erweiterung bedürftigen
Untersuchungen über die Transversalspannung der Rindengewebe an der Ober- und Unter-

---

[1] Von Interesse ist eine Angabe von NOERDLINGER („Liegt au schiefen Bäumen das bessere Holz
auf der dem Himmel zugekehrten oder auf der unteren Seite?" im Centralblatt für das gesammte Forstwesen. Wien. Mai 1878), dafs eine am Rande eines alten Steinbruches überhängende, 70jährige Buche
das schwerere Holz (im lufttrockenen Zustande gewogen) an der Unterseite, eine neben ihr ebenfalls in
geneigter Stellung befindliche Eiche dagegen an der Oberseite hatte.

[2] Ich denke hier besonders an die Verharzung der in der Rinde der Coniferen vorkommenden
ätherischen Oele.

4*

seite horizontaler Aeste (cf. pag. 24—25) haben gezeigt, dafs die hierauf geprüften Coniferen von den Dicotyledonen mit sehr stark ausgeprägter Epinastie (*Tilia*) in der That abweichen, und es wird dieser Thatsache eine Bedeutung für die grofse Verschiedenheit des Dickenwachsthums beider nicht wol abgesprochen werden können. Doch ist es unverkennbar, dafs die ausgesprochene Hyponastie der Coniferen nicht durch diese Ursachen allein bedingt sein könne: es mufs hier eine bevorzugte Ernährung der Unterseite, welche dieser reichlicheres Material für den Aufbau und das Dickenwachsthum von Membranen zur Verfügung stellt, mitwirken. An Querschnitten durch jüngere und ältere horizontal gewachsene Zweige von Coniferen fällt es schon bei Betrachtung mit blofsem Auge auf, dafs das Holz der Unterseite eine tiefer bräunliche Färbung besitzt, als das der Oberseite. Von der nadirwärts gekehrten Seite, wo die Jahresringe am breitesten sind und die dunkelste Färbung zeigen, sieht man die braunen Streifen nach beiden Seiten hin heller und schmäler werden und häufig ganz schwinden, bevor sie die Oberseite des Zweiges erreicht haben. Die genauere microscopische Untersuchung zeigt, dafs dieser Unterschied allerdings zum Theil durch stärkere Färbung der Holzzellmembranen der Unterseite, in weit höherem Grade aber durch deren stärkere Verdickung bedingt wird. (Taf. III, Figg. 1 und 2.) Wie fast alle auf unsere Frage bezüglichen Erscheinungen, zeigt indefs auch diese eine grofse Regellosigkeit, wenn das Gesammtresultat hierdurch auch nicht wesentlich alterirt wird. Regel ist es, dafs im Holze der unteren Zweighälfte ebenso, wie in demjenigen der oberen, die Dicke der Membranen vom Frühjahrs- gegen das Herbstholz allmählich zunimmt, dabei aber durchweg eine relativ stärkere ist, als in der oberen Zweighälfte (Taf. III, Figg. 1 und 2); doch wurde beobachtet, dafs in einzelnen Jahresringen an der Zweigunterseite die Zellen des Frühjahrsholzes hinter denen des Herbstholzes in dieser Beziehung nicht zurückstanden oder dafs sie letztere im Membrandurchmesser sogar übertrafen. Gelegentlich kommt es hier wol auch vor, dafs auf die ersten, sehr stark verdickten Zellen eines Jahresringes in der Richtung nach aufsen etwas dünnwandigere folgen, und dafs dann gegen die Herbstgrenze hin die Membrandicke wieder allmählich oder plötzlich zunimmt; oder dafs, wie es bei *Taxodium distichum* mitunter der Fall ist, zwischen dickwaudigerem Frühlings- und Herbstholz eine zartwandigere, mittlere Partie eingeschaltet ist. Bei horizontalen Zweigen von *Abies Nordmanniana* wurde beobachtet, dafs innerhalb der unteren Hälfte desselben Jahresringes beiderlei vorbezeichnete Verhältnisse nebeneinander vorkommen und seitlich ineinander übergehen können. Selbst ein mehrfacher Wechsel in der Wanddicke liefs sich bisweilen innerhalb der Radialreihen desselben Jahresringes constatiren (z. B. bei *Thuja occidentalis* und *Tsuga canadensis*). Zu den Seltenheiten gehört es, dafs die Membrandicke an der Oberseite eines horizontalen Coniferenzweiges gröfser ist, als an dessen Unterseite. In den von mir beobachteten Fällen dieser Art war dann der betreffende Jahresring ausnahmsweise nicht hyponastisch, sondern epinastisch.

Im Anschlusse an das mit Beziehung auf die Transversalspannung zwischen Holz und Rindengeweben oben Gesagte seien hier noch einige Bemerkungen über die seitliche Verschiebung der Markstrahlen an einseitig stärker entwickelten Jahresringen hinzugefügt.

In der historischen Einleitung war erwähnt worden, dafs SACHS bei stark einseitiger Förderung des Holzkörpers ein Hinüberneigen der Markstrahlen nach der Seite des stärksten Zuwachses constatirt und diese Thatsache mit den auf jener Seite verminderten Widerständen, welche das allseitige Ausdehnungsstreben des Cambiums überwinden mufs, in Verbindung gebracht hat. SCHWENDENER, dem die Ablenkung der Markstrahlen ebenfalls bekannt war, gab, wie wir sahen, ein von der SACHS'schen abweichende Erklärung, während DETLEFSEN[1]) sich ihr wieder unbedingt anschliefst. Der letztgenannte Autor hat im Zusammenhang mit der ganz exclusiven Bedeutung, welche er der Gewebespannung für die uns beschäftigenden Ungleichmäfsigkeiten im Dickenwachsthum beimifst, die thatsächlichen Befunde als ausnahmslose hingestellt. Er sagt (l. c., p. 6) wörtlich: „Sind die Begränzungsflächen der während einer Vegetationsperiode gebildeten Holzschicht an einer Stelle parallel, so stehen die Markstrahlen hier senkrecht auf denselben. Divergiren diese Begränzungsflächen aber nach irgend einer Seite, so neigen sich die Markstrahlen nach dieser Seite hinüber. Das entgegengesetzte Verhalten, also ein Hinüberneigen der Markstrahlen nach der Seite geringeren Wachsthums kommt niemals vor.“ Letztere Angabe ist, wie ich auf Grund sorgfältiger Beobachtung aussprechen darf, entschieden unrichtig. Zwar ist die Ablenkung der Markstrahlen in den Jahresringen nach der Seite des stärkeren Wachsthums (Taf. II, Fig. 3) der bei Weitem häufigere Fall: doch kommt auch das Gegentheil vor, wie ich mich an Querscheiben durch dickere horizontale Zweige von *Tilia grandifolia* und *Taxodium distichum* und an microscopischen Querschnitten durch jüngere, aber doch auch mehrjährige horizontale Zweige von *Alnus glutinosa, Fraxinus excelsior, Liriodendron Tulipifera, Magnolia acuminata, Puria lutea, Ptelea trifoliata, Pterocarya fraxinifolia* und *Salix nigricans* überzeugt habe (Taf. II, Fig. 2). Innerhalb desselben Jahresringes können beiderlei Arten der Ablenkung durch Stellen genau rechtwinkliger Schneidung allmählich ineinander übergehen.

Diese Verschiedenheiten in der Richtung der Markstrahlen an excentrisch gebauten Zweigen verlieren das auf den ersten Blick Befremdliche, wenn man erwägt, dafs eine Ungleichheit der Transversalspannung zwischen Holz und Rindengeweben an Ober- und Unterseite eines Zweiges zwei einander entgegengesetzte und sich zum Theil aufhebende Wirkungen äufsern mufs. Einmal wird durch das Rindengewebe von dem Punkte stärkster Spannung aus auf die Zellen des Cambiums und ihre noch zartwandigen jüngsten Abkömmlinge ein Zug ausgeübt, welcher für sich allein zur Folge haben müfste, die Markstrahlen des jungen

---

[1]) l. c., p. 6.

Holzes nach der Richtung der stärksten Transversalspannung hin abzulenken. Andererseits wird jede Zelle des Cambiums, des jungen Holzes und der Markstrahlen das Bestreben haben, in der Richtung des geringsten Widerstandes zu wachsen. Für sich allein würde diefs naturgemäfs zu einer Ablenkung der Markstrahlen in Richtung der geringsten Transversalspannung führen. Von der relativen Stärke beider bezeichneten Einflüsse und von anatomischen Bedingungen localer Art, welche sich zur Zeit der Beurtheilung entziehen, wird es abhängen, ob der Ausschlag im einzelnen Falle nach der einen oder nach der andern Richtung erfolgt.

III.

Das Material an plastischen Substanzen, welches die Sprofsachsen für den Fortbau ihres Holz- und Bastkörpers verwenden, empfangen sie zum bei Weitem gröfseren Theile von den grünen Laubblättern. In erster Linie arbeiten diese für die Zweige, von denen sie unmittelbar entspringen; doch wird der Ueberschufs der von ihnen erzeugten Baustoffe durch die leitenden Gewebe rückwärts in die älteren Aeste und in den Stamm geschafft. Das Dickenwachsthum eines Sprosses wird also mitbedingt sein durch die Masse der Belaubung, die er trägt. Ist diese nach allen Seiten hin gleichmäfsig vertheilt, so werden Holz und Bast, falls auch alle übrigen Einflüsse sich die Wage halten, in allen Theilen gleichmäfsig ernährt werden; einseitige Förderung der Belaubung dagegen wird auch eine entsprechende einseitige Begünstigung des Dickenwachsthumes zur Folge haben müssen.

Sehr deutlich tritt diefs bei zwei nächstverwandten Arten, der *Goldfussia isophylla* und *G. anisophylla* zu Tage. Beide entwickeln ihre Blätter in gekreuzten Paaren: während aber bei *G. isophylla* die auf gleicher Höhe entspringenden beiden Blätter eines Paares annähernd gleichen Umfang und gleiche Masse besitzen, sind sie bei *G. anisophylla* von sehr verschiedener Gröfse. Das Verhältnifs ihrer Längendurchmesser fand ich bei einigen Paaren etwa wie 1 : 6; bei anderen war es sogar noch höher. Da nun die Spirale nach jedem Schritte umwendet, liegen die grofsen und die kleinen Blätter in geraden Zeilen übereinander, und es ist der vierkantige Stengel an zwei einander benachbarten Seiten nur mit kleinen, an den beiden anderen nur mit grofsen Blättern besetzt. [1]

Ist auf solche Weise die eine Seite des Stengels schon durch die Blätter in der Zufuhr plastischer Stoffe begünstigt, so wird diefs noch dadurch gesteigert, dafs, soweit an den mir zugänglichen Gewächshaus-Exemplaren ersichtlich war, zuvörderst nur die in der Achsel der gröfseren Blätter befindlichen Knospen zu Zweigen auswachsen; und wenn diese letz-

---

[1] Vergl. GOEBEL, Ueber einige Fälle von habitueller Anisophyllie (Bot. Zeitung 1880, p. 839 ff.). Beim Erscheinen dieses Aufsatzes war das hier über die Pflanzen mit habitueller Anisophyllie Gesagte bereits niedergeschrieben.

teren bei ihrer weiteren Entwickelung auch nach der kleinblättrigen Seite des Muttersprosses hin convergiren, so wird ihre Insertionsstelle gegen die Mediane des Stützblattes hierdurch doch nicht erheblich verschoben.

Die Folge der besprochenen äufseren Unterschiede beider Arten vou *Goldfussia* sind entsprechende Verschiedenheiten des inneren Baues. Bei *G. isophylla* sind jüngere und ältere Internodien im Querschnitte von vier annähernd gleichen, schwach gewölbten Seiten umschlossen, über welche die Ränder flügelartig hervortreten, und es zeigen Holz, Bast und Rinde an den gegenüberliegenden Stengelhälften annähernd die gleiche Mächtigkeit; bei *G. anisophylla* dagegen sind die unter den beiden benachbarten Reihen grofser Blätter liegenden Seiten des erwachsenen, vierkantigen Stengels nicht nur breiter und stärker gewölbt, sondern es ist auch das Leitbündelgewebe im Verhältnisse zu dem der gegenüberliegenden schmalen Stengelseite gefördert. Ganz besonders betrifft diefs die Ausbildung des Holzkörpers, dessen Gefäfsreihen in der grofsblättrigen Stengelhälfte in radialer Richtung erheblich ausgedehnter sind (Taf. II, Figg. 4 und 5). [1]) Doch ist das Verhältnifs zwischen Blattgröfse und Förderung des Holzkörpers sehr weit von einer strengen Proportionalität entfernt; — ich fand an der grofsblättrigen Stengelhälfte den Holzkörper höchstens doppelt so mächtig, als an der kleinblättrigen. Es weist diefs darauf hin, dafs im Bastringe und dem Grundgewebe auch in transversaler Richtung die Leitung der plastischen Stoffe in ausgiebiger Weise stattfindet. Hierin wird es auch seine Erklärung finden, dafs die Ungleichmäfsigkeiten im Umrisse des Querschnittes und in der Gewebevertheilung des Stammes nach dessen älteren Theilen hin allmählich geringer werden.

Centradenia rosea verhält sich *Goldfussia anisophylla* ganz ähnlich; nur ist dieselbe defshalb ein weniger günstiges Untersuchungsobject, weil die Seitenzweige nicht so steil ansteigen, wie bei *G. anisophylla*, sondern sich mehr horizontal zu stellen streben, hier also ein etwaiger Einflufs der Schwerkraft mehr in Frage kommt. Die auswachsenden Seitenknospen stehen hier ebenfalls in der Achsel der gröfsern Unterblätter.

An jungen Internodien, welche noch ihre eigenen Blätter tragen, sind die der nach abwärts gekehrten Zweighälfte angehörigen Leitbündel, den beträchtlich gröfsern Dimensionen der Blätter entsprechend, deutlich gefördert (Taf. II, Fig. 6). Im weiteren Verlaufe der Holzbildung wird dagegen diese ursprüngliche Ungleichheit mehr und mehr ausgeglichen, und in wenig älteren Internodien geht die ursprüngliche Hyponastie schon deutlich in Epinastie über, welche, nach dem mir vorliegenden Untersuchungs-Materiale zu urtheilen, dauernd erhalten bleibt. Die sehr geringe Verschiebung, welche die Seitenzweige im Verlaufe ihres

---

[1]) Nach der auf Taf. XI, Fig. 23 (l. c.) gegebenen Querschnittsansicht scheint GOEBEL diese Ungleichheit in der Entwickelung des Holzringes entgangen zu sein. Auch im Texte wird die Erscheinung nicht erwähnt.

Auswachsens aus der Mediane der Blattachsel nach der Oberseite des Sprosses hin erfahren und die ihre hier ursprünglich fast $^3/_4$ des Stammumfanges betragende Divergenz ein wenig verringert, vermag die zu Gunsten der Oberseite eintretende Aenderung nicht in genügender Weise zu erklären. Auch ist es unwahrscheinlich, dafs es allein äufsere Einflüsse sind, welche das Zurückbleiben der nach abwärts gewendeten Hälfte des Holzkörpers bedingen; denn es gelang mir, eine im gleichen Sinne ausgesprochene Ungleichmäfsigkeit auch in einem aufrecht gewachsenen älteren Zweige aufzufinden. Darnach scheint es, dafs wir es wenigstens zum Theil mit einer dem Sprosse vererbten Dorsiventralität zu thun haben, welche sich hier nicht nur in der äufseren Gestaltung, sondern auch im inneren Baue ausspricht.

Auch bei *Pilea serpyllifolia* entspricht die Ungleichmäfsigkeit in der Entwickelung der einander paarweise gegenüberstehenden Blätter ganz derjenigen von *Goldfussia ani-sophylla* und *Centradenia rosea;* nur ist der Unterschied in den Dimensionen der gröfseren und kleineren Blätter hier ein geringerer. Auch bei dieser Pflanze gehören die zwei Reihen kleinerer Blätter der Oberseite, die zwei Reihen gröfserer Blätter der Unterseite der Seitenzweige an; ein wichtiger Unterschied liegt aber darin, dafs schon dicht unter der Vegetationsspitze die in den Achseln der kleineren Blätter gelegenen Knospen zu Sprossen auswachsen, während die in der Achsel der grofsen Blätter stehenden Knospen sich der Regel nach erst später und dann nur zu ganz kümmerlichen Trieben entwickeln. Die microscopische Untersuchung zeigt, dafs an jüngeren Internodien eine erhebliche Verschiedenheit im Querschnitte der Leitbündel weder nach der Seite der zuvörderst sterilen, gröfsern, noch nach derjenigen der knospentragenden kleineren Blätter hervortritt. An älteren Internodien, welche die eigenen Blätter verloren haben, und das Material für ihr Dickenwachsthum allein von den Tochtersprossen empfangen, macht sich eine geringe Förderung der nach diesen zu gelegenen Leitbündel bemerklich. In den von mir untersuchten Sprossen wurde das Interfascicular-Cambium hier zuerst thätig.

Mit den Ergebnissen der eben besprochenen Beobachtungen stimmen im Allgemeinen die im Grofsen gemachten Erfahrungen überein.

Steht ein Baum am Waldessaume nach einer Seite hin frei, und entwickelt er hier kräftige Aeste, während nach der entgegengesetzten Richtung die Nachbarschaft anderer Bäume die Entfaltung seiner Krone hemmt, so verräth sich diefs auch in der Ungleichmäfsigkeit seiner Jahresringe. Bäume, welche am Abhange eines Berges wachsen, entwickeln nach der freien Seite hin mehr Zweige und stärkere Jahresringe, als nach der entgegengesetzten. [1]) An den Ufern des rothen Meeres wird durch das constante Vorherrschen der

---

[1]) cf. SCHACHT, der Baum (2. Aufl., 1860) p. 97 und 98.

Nordwinde eine Verkümmerung der nordwärts hervortretenden Aeste bewirkt. Die Folge ist, dafs die Holzringe sich nach Süden hin beträchtlich stärker entwickeln und das Mark eine auffallend excentrische Lage erhält.[1])

Nun wissen wir aus den Untersuchungen, welche FRANK, HOFMEISTER und WIESNER zu gleicher Zeit und unabhängig von einander angestellt haben, dafs an Zweigen, welche nicht vertical gerichtet, sondern gegen die Lothlinie geneigt sind, die relative Massenentwickelung der Blätter abhängig ist von dem Winkel, welchen ihre Medianebene mit der Horizontalen bildet. Besonders deutlich spricht sich diefs an solchen Sprossen aus, deren Blätter zu mehreren auf gleicher Höhe des Stengels entspringen, also in Wirteln angeordnet sind, wie z. B. bei Arten von *Acer, Aesculus, Fraxinus, Staphylea, Sambucus*. Sind die Blätter eines der in der Knospe sich kreuzenden Paare nach vollendeter Ausbildung gegen den Horizont gleich geneigt, so sind ihre Massen genau oder doch annähernd gleich. Wird die Neigung für beide Blätter eine verschiedene, so werden auch Volumen und Gewicht ungleich. Zenithwärts gerichtete Blätter weisen das Minimum, erdwärts gerichtete Blätter das Maximum der Masse auf.[2]) Dasselbe Verhältnifs zeigen auch solche Arten, deren Laubblätter in mehrzähligen Quirlen oder in fortlaufenden, spiraligen Zeilen angeordnet sind; unter letzteren tritt es besonders augenfällig bei vielen Coniferen (*Abies, Tsuga, Taxus* etc.) hervor.

Für mehrere dieser Fälle von „Anisophyllie" ist durch den Versuch der Nachweis erbracht, dafs sie unter Mitwirkung der Schwerkraft zu Stande kommen.[3]) Ihnen reihen sich andere an, wo die Erscheinung zu einer habituellen, von der Stellung des Zweiges und der Blätter gegen den Horizont unabhängigen geworden ist und durch Vererbung auch auf verticale Sprosse übergeht (*Selaginella, Goldfussia anisophylla, Centradenia rosea*). Doch hat WIESNER gezeigt, dafs bei *Goldfussia anisophylla* die habituelle Anisophyllie durch directen Einflufs der Schwerkraft gesteigert oder vermindert werden kann.[4])

Auch bei dem einzelnen Blatte, dessen Mediane nicht mit der Verticalebene zusammenfällt, scheint die nach abwärts gekehrte Seite in ihrer Entwickelung stets durch die Schwerkraft gefördert zu werden.[5]) Der Grad der Beeinflussung zeigt auch hier die mannichfachsten Abstufungen; bei den einen Arten ist der Unterschied in der Gröfse der nach oben und der nach unten gekehrten Blatthälfte schon mit blofsem Auge erkennbar; bei anderen läfst sie sich erst mit Hilfe der Wage erweisen. Auch hier spielen habituelle (vererbte) Eigenthümlichkeiten der einzelnen Arten eine grofse Rolle, und es wird der directe

---

[1]) cf. SCHWEINFURTH in dem Sitzungsber. der Ges. naturf. Freunde zu Berlin vom 15. Jan. 1867, p. 4.
[2]) WIESNER, Beobachtungen über den Einflufs der Erdschwere auf Gröfsen- und Formverhältnisse der Blätter (Sitzungsber. der Wiener Akad. d. W. am 5. Novbr. 1868, p. 4).
[3]) FRANK in der Botan. Zeitg. v. 1868, p. 876 ff. und KNY in der Botan. Zeitg. v. 1873, p. 434.
[4]) l. c., p. 14.
[5]) WIESNER, l. c., p. 15 ff.

Einflufs der Schwerkraft durch sie mannichfach verdeckt. Als Beispiel möge die bekannte Asymmetrie der Blätter von *Bryonia*, *Ulmus*, *Celtis* etc. erwähnt werden. Da, wo die Spreite seitlich inserirter Blätter annähernd horizontal gerichtet und beiderseits, soweit der Augenschein Gewifsheit darüber geben kann, gleichmäfsig ausgebildet ist, zeigt doch die Basis des Blattstieles häufig eine deutliche Förderung auf der nach abwärts gekehrten Seite, was sich, nachdem die Blätter abgefallen sind, meist noch in der Form der Narbe ausspricht. Beispiele von Asymmetrie bieten die seitlichen Blattkissen von *Acer dasycarpum*, *A. Negundo*, *Fraxinus excelsior*, *Aesculus Hippocastanum*, *Robinia Pseudacacia*, *Gleditschia macrantha*, *Gymnocladus canadensis*.[1]) Bei anderen Arten ist die Differenz der beiden Hälften des Blattstieles eine geringere oder überhaupt nicht deutlich erkennbare.

Die besprochenen Ungleichheiten in der Blattentwickelung horizontaler und schief geneigter Zweige haben zum gröfsten Theile die Tendenz, der Unterseite der Sprofsachse mehr plastisches Material zuzuführen, als der Oberseite und in Folge dessen eine überwiegende Massenzunahme der Unterseite zu begünstigen. Dasselbe wird der Fall sein bei jenen ausgesprochen bilateralen Seitenzweigen, deren alternirend in zwei seitlichen Zeilen angeordnete Blätter an der Unterseite der Sprofsachse einander mehr genähert sind, als an der Oberseite, wie bei *Tilia*, *Corylus*, *Fagus*, *Platanus* u. a. m.[2]) Die Versorgung mit plastischem Material wird hier, so lange die Laubblätter assimiliren, an der Unterseite eine ausgiebigere sein.

Im zweiten oder in den folgenden Jahren tritt bei den dicotylen Holzgewächsen in den Verhältnissen, welche die Ernährung des Cambiums regeln, sehr gewöhnlich eine wesentliche Aenderung ein.

Untersucht man einen horizontalen einjährigen Zweig von *Aesculus Hippocastanum* im Herbste, so findet man an Blattpaaren mit verticaler Medianebene in der Achsel des kleineren Oberblattes die kleinere Knospe, in der Achsel des gröfseren Unterblattes die gröfsere Knospe, während genau seitlich inserirte Blätter von gleicher Masse auch annähernd gleiche Knospen bergen. Der Gröfse der Anlage entsprechend, sehen wir im folgenden Frühjahr aus der unteren Knospe der Regel nach den kräftigeren, aus der oberen Knospe den schwächeren Jahrestrieb hervorwachsen. Auch mehrere Arten der Gattung *Acer* verhalten sich im Ganzen ähnlich.[3]) Andere Arten, wie *Ligustrum vulgare*, zeigen häufig das ent-

---

[1]) Siehe meine Mittheilung im Sitzungsber. der Gesellsch. naturf. Freunde zu Berlin v. 16. Juli 1876.

[2]) Vergl. DÖLL, Zur Erklärung der Laubknospen der *Amentaceen* (Eine Beigabe zur rheinischen Flora [1848]) und FRANK, Die natürl. wagerechte Richtung von Pflanzentheilen (1870). p. 9.

[3]) Die Förderung der jüngsten Auszweigungen an der Unterseite horizontaler Aeste fand ich meist nur an jungen Bäumen von *Aesculus* und *Acer* deutlich ausgesprochen. An den seitlichen Auszweigungen älterer Bäume dagegen fand ich häufig die jüngsten Jahrestriebe nach oben hin kräftiger entwickelt.

gegengesetzte Verhalten; die nach oben gerichtete Achselknospe eines opponirten, mit verticaler Mediane inserirten Blattpaares ist die gröfsere und wächst im folgenden Jahre zu einem längeren Jahrestriebe aus. Das Gröfsenverhältnifs der Achselsprosse ist hier übrigens nicht in erster Linie von ihrer Stellung zur Lothlinie, sondern von ihrer Entstehungsfolge innerhalb des zweigliedrigen Quirles bedingt. Die in der Achsel des zweitangelegten Blattes stehende Knospe bleibt der anderen gegenüber an Umfang zurück, und es sind dem entsprechend auch die Knospen eines genau seitlich inserirten Blattpaares von verschiedenem Umfang. Letzteres tritt sehr deutlich auch bei *Sambucus nigra* und *Syringa vulgaris* hervor.

An älteren horizontalen und schiefgerichteten Aesten dicotyledoner Holzgewächse sind in der Regel die nach oben gerichteten Seitenzweige den unteren gegenüber in der Entwickelung gefördert. Aufserdem treten aus der Oberseite meist reichlich Adventivsprosse hervor, die sich zum Theil kräftig fortentwickeln, während sie an der Unterseite sparsamer sind oder ganz fehlen. Sehr schön sah ich den Contrast in der Häufigkeit der Adventivsprosse auf Ober- und Unterseite bei *Acer dasycarpum*, *Populus pyramidalis*, *Salix fragilis* u. a. m. ausgesprochen. Selbstverständlich wird diese Regel überall da zahlreiche Ausnahmen erleiden, wo durch örtliche Einflüsse die Unterseite der Oberseite gegenüber begünstigt ist, wie an Aesten, welche von oben her dicht beschattet sind, von unten her dagegen Licht und Luft ungehindert empfangen. Ferner werden die nach unten hervortretenden Seitenzweige dann sich kräftiger entwickeln, wenn die oberen durch Verletzungen in der Entwickelung zurückgeblieben oder ganz abgestorben sind u. s. f. Alle diese Verhältnisse werden sich im Wachsthumo der Jahresringe des Mutterastes bis auf bestimmte (— bei den einzelnen Arten vermuthlich ungleiche —) Entfernung von der Insertionsstelle der Seitenzweige geltend machen.

Die Coniferen verhalten sich zum Theil in der Auszweigung sehr abweichend von der Mehrzahl der Dicotyledonen. Als Beispiel möge die Rothtanne (*Picea excelsa*) gelten. Nicht nur sind bei letzterer die immergrünen Laubblätter an der Unterseite horizontaler Seitenzweige deutlich gröfser, als an der Oberseite, wodurch die Internodien in ihrer zenithwärts gekehrten Hälfte für die ersten Jahre benachtheiligt sind; es gelangen an der Unterseite auch mehr Achselknospen zur Entwickelung, und diese wachsen zum Theil zu langen Sprossen aus, während die Oberseite der primären Aeste des Stammes und ihrer seitlich abgehenden Zweige nahezu unproductiv bleibt. Hier ist also die Unterseite durch gröfsere Zufuhr plastischen Materiales dauernd begünstigt.

In den soeben erörterten Verhältnissen findet wahrscheinlich eine wichtige Thatsache ihre Erklärung, welche bisher vollkommen unbeachtet geblieben zu sein scheint. Diejenigen dicotylen Holzgewächse, deren Jahresringe an horizontalen Zweigen der Regel nach sämmtlich epinastisch sind, zeigen im ersten oder in den ersten Jahresringen die Epinastie meist in geringerem Maafse ausgebildet als späterhin, oder sie fehlt selbst

5*

hier noch ganz (z. B. *Cydonia vulgaris* (2. 3), *Fraxinus excelsior* (1, 2), *Liriodendron Tulipifera* (1, 4, 5), *Magnolia acuminata* (1, 2), *Platanus acerifolia* (1), *Prunus Padus* (1), *Salix nigricans* (1, 3, 6). Und wieder andere sind im ersten Jahre sogar fast immer deutlich hyponastisch und werden erst im zweiten oder einem späteren Jahre epinastisch. Beispiele der letzteren Art sind: *Acer Negundo* (2, 3 (z. Th.). 5, 6), *Corylus Avellana* (1, 2, 3, 4, 5, 6: vergl. auch Taf. II. Fig. 1), *Mahonia Aquifolium* (1), *Paria lutea* (1, 2, 3, 4, 5, 6, 7), *Ptelea trifoliata* (1, 2), *Robinia Pseud-Acacia* (2 3, 4, 7, 8), *Sambucus nigra* (3, 4, 5).

Bei Untersuchung einer gröfseren Anzahl von Zweigen der genannten Holzgewächse zeigt sich indefs, dafs auch diese Regel durch individuelle Störungen mannichfache Ausnahmen erleidet. So war in einem einjährigen Sprosse von *Acer Negundo* (1) im ersten, kurzen Internodium der Holzkörper schwach epinastisch, in den folgenden 4 Internodien dagegen deutlich hyponastisch. In einem dreijährigen Sprosse derselben Art (3) war im zweiten und dritten Internodium der erste Jahresring deutlich epinastisch, im vierten, fünften und sechsten Internodium dagegen, sowie in sämmtlichen Internodien der ihn fortsetzenden zwei- und einjährigen Sprosse war er deutlich hyponastisch. Weitere Beispiele von Störungen bieten die im „Speciellen Theile" dieser Abhandlung aufgeführten (in Parenthese gesetzten) Zweige von *Acer Negundo* (4), *Ptelea trifoliata* (3), *Robinia Pseud-Acacia* (1, 5. 6), *Sambucus nigra* (1. 2).

Dafs bei den horizontalen Zweigen zahlreicher dicotyledoner Holzgewächse nicht erst die späteren, sondern schon der erste Jahresring der Regel nach an der Oberseite stärker entwickelt ist, kann die Thatsache, dafs die Förderung der an der Unterseite inserirten Blätter oder Blatthälften das Wachsthum des Holzkörpers hier begünstigt, nicht entkräften. Es ist hierfür keine andere Erklärung denkbar, als dafs durch Einflüsse anderer Art, welche sich einer genaueren Controle zur Zeit entziehen, die Wirkung der ungleichen Ernährung beider Stengelhälften hier nicht nur aufgehoben, sondern selbst in das Gegentheil verkehrt wird. Wie sehr diefs auch in entgegengesetztem Sinne der Fall sein kann, zeigt unter Anderen *Juniperus prostrata*. Die am Boden hinkriechenden Achsen dieses Strauches entsenden Auszweigungen vorzugsweise aus ihrer Oberseite. Trotzdem sind die Jahresringe ebenso, wie bei anderen Coniferen, der Regel nach deutlich hyponastisch.

IV.

Wird schon durch das in der Natur gegebene Zusammenwirken der bisher erörterten Verhältnisse die Aufgabe sehr erschwert, zu ermitteln, wie viel von der einseitigen Förderung im Dickenwachsthume nicht verticaler Zweige auf Rechnung eines jeden der namhaft gemachten Einflüsse zu stellen ist, und wie viel als Resultat der Schwerkraft übrig bleibt, so wird diese Schwierigkeit durch die bei vielen oberirdischen Achsen eintretende Aenderung der bei der Anlegung ihnen eigenen Stellung zu einer fast unüberwindlichen gemacht.

Am störendsten wirken die Drehungen um die eigene Längsachse, welche viele Sprosse im Laufe ihrer Entwickelung erfahren.

Wie bekannt[1]). gibt es eine Anzahl dicotyledoner Holzgewächse (z. B. *Tilia, Corylus, Ulmus, Celtis, Platanus* etc.), deren Seitenzweige im entwickelten Zustande eine ausgesprochene Neigung zu horizontaler Stellung und, Hand in Hand hiermit gehend, Dorsiventralität zeigen. Die Blätter stehen alternirend in zwei seitlichen Reihen, welche an der Unterseite des Zweiges einander mehr. als an der Oberseite genähert sind und gegen eine durch die Längsachse des Zweiges gelegte Verticalebene gleiche Neigung besitzen. Die Foliationsebene ist also bei horizontaler Stellung des Zweiges auch ihrerseits horizontal gerichtet. Eine genauere Untersuchung der in den Blattachseln entstandenen Winterknospen zeigt nun, dafs dieses Verhalten kein ursprüngliches ist, dafs die Foliationsebene vielmehr hier bei den einzelnen Arten mehr oder weniger stark gegen die Horizontale geneigt ist. Die Divergenz kann in gewissen Fällen selbst einen halben Rechten überschreiten. Schon im Beginne des Auswachsens im nächsten Frühjahre tritt dann in den unteren Internodien der Sprosse eine Achsendrehung ein. mittels deren die beiden Blattzeilen auf dem nächsten Wege seitliche Stellung erhalten. Hierdurch gelangen Theile der jungen Zweige. welche bei ihrer Anlegung genau zenithwärts gekehrt waren, in eine schief nach oben gerichtete, und solche, welche genau nadirwärts angelegt waren. in eine schief nach unten gerichtete Lage, und es wird nun, falls die Schwerkraft auf ihr Wachsthum überhaupt von directem Einflusse ist, dieser Einflufs sich fortan in einer von der anfänglichen verschiedenen Richtung äufsern müssen.

Auch sonst kennt man Achsendrehungen austreibender Sprosse, welche nach bestimmter Regel verlaufen. Untersucht man Seitenzweige von *Lonicera, Philadelphus, Deutzia, Cornus, Buxus* etc. im Knospenzustande[2]). so findet man die Blattanlagen in gekreuzten Paaren aufeinanderfolgend. Die spätere Streckung der Internodien ist aber von einer Drehung begleitet, welche jedesmal nahezu einen rechten Winkel beträgt, und zwar erfolgt diese Drehung in den aufeinanderfolgenden Internodien abwechselnd nach rechts und nach links. Die Folge hiervon ist, dafs an erwachsenen Seitenzweigen der genannten Pflanzen die Blätter annähernd in zwei seitlichen Zeilen stehen.

„Die Blattstellung der Erlen ist," nach A. BRAUN[3]). „an Stamm und Zweigen $\frac{1}{3}$, wovon man sich am leichtesten bei *Alnus glutinosa* überzeugt. deren Stengel (besonders am Mitteltrieb) dreikantig ist und zwar so, dafs die Kanten den Mitten der Blätter entsprechen.

---

[1]) DÖLL. Zur Erklärung der Laubknospen der Amentaceen (1848); FRANK, Die natürliche wagerechte Richtung von Pflanzentheilen (1870), p. 9.

[2]) cf. FRANK, l. c., p. 15.

[3]) Ueber den schiefen Verlauf der Holzfaser und die dadurch bedingte Drehung der Stämme (Monatsber. der K. Acad. d. W. in Berlin, 1854, p. 22 des Sep.-Abdr.).

Allein die ursprüngliche Anordnung wird bald durch eine schwache Drehung in der Richtung des kurzen Weges modificirt, wodurch die Divergenz vergröfsert wird und die wirkliche $\frac{1}{4}$-Stellung. wenn die Drehung ihr Maximum erreicht, in eine scheinbare $\frac{3}{8}$-Stellung übergeht . . . . . . Da nun die Blattstellung ebenso häufig rechts als links ist, so ist auch die Drehung bald rechts, bald links."

Wie FRANK[1]) hervorhebt, gibt es eine grofse Anzahl von Holzpflanzen (z. B. *Spiraea hypericifolia, Kerria japonica*), deren wagerechte Zweige in entwickeltem Zustande die Blätter nur an den beiden Seitenkanten tragen, während dieselben in anderen Spiralstellungen als $\frac{1}{2}$ angelegt werden. Die Aenderung wird dadurch bewirkt, dafs jedes junge Internodium sich auf dem kürzesten Wege soweit um seine Längsachse dreht, bis die Divergenz seines Endblattes mit dem vorhergehenden ohngefähr 180° beträgt.

Viel häufiger sind Drehungen, welche nur gelegentlich und in ganz regelloser Weise, ohne Beziehung auf die Lage des Zweiges zur Horizontalen oder auf eine bestimmte Aenderung des Divergenzwinkels der aufeinanderfolgenden Blätter, eintreten. Am leichtesten sind sie bei Arten mit decussirter Blattstellung zu constatiren. wie bei *Fraxinus excelsior, Syringa vulgaris, Ligustrum vulgare, Sambucus nigra*, vielen Arten von *Acer* u. a. m. Man kann hier Zweige finden. deren Blätter (resp. Achselsprosse) ohne jede Störung in rechtwinkelig sich kreuzenden Paaren aufeinander folgen. während an anderen Zweigen desselben Stockes kein einziges Internodium ungedreht geblieben ist. Im letzteren Falle kann der Drehungswinkel zwischen sehr erheblichen Grenzwerthen schwanken; die Drehung kann entweder überall in demselben Sinne, oder sie kann beliebig nach rechts oder links erfolgt sein.

Dafs die Achsendrehungen mehrjähriger Zweige. wo sie sich durch die Anordnung ihrer Seitenzweige offenbaren, vorwiegend im ersten Jahre erfolgt sind. ist wahrscheinlich, aber meines Wissens nicht erwiesen. Dreht sich ein Internodium im zweiten oder in einem späteren Jahre, so mufs nicht nur das Dickenwachsthum des eigenen Holzkörpers dadurch beeinflufst werden; es müssen auch sämmtliche von ihm entspringende Seitenzweige, welche der Bewegung passiv folgen, in Mitleidenschaft gezogen werden. Es kann diejenige Seite eines solchen Tochterzweiges, welche früher zenithwärts gekehrt war. hierdurch zur unteren werden, ohne dafs an dem betreffenden Zweige selbst eine Achsendrehung erfolgt ist. Man sieht. dafs die Schwierigkeit, zu ermitteln, in welcher Richtung die einzelnen Theile des Holzkörpers ursprünglich angelegt wurden und in welcher Stellung sie die einzelnen Phasen ihrer Ausbildung zurücklegten, hierdurch empfindlich gesteigert wird.

Zu alledem kommt noch, dafs, falls eine Beeinflussung des Dickenwachsthumes verholzter Achsen durch die Schwerkraft besteht. wir nicht wissen, ob und wie lange sie bei inzwischen veränderter Stellung derselben zum Horizonte nachwirkt. Die an Laubblättern,

---

[1]) l. c., p. 11.

deren Massenentwickelung durch die Schwerkraft in erheblichem Grade beeinflufst wird, gemachten Erfahrungen würden das Bestehen einer Nachwirkung im höchsten Grade wahrscheinlich machen, und nicht minder wahrscheinlich würde es sein, dafs dieselbe bei verschiedenen Holzgewächsen verschieden lange Zeit andauert. Es bliebe also, falls nicht sorgfältige Untersuchungen über den letzten Punkt vorher Aufschlufs gegeben hätten, bei einem unter gleichzeitiger Drehung sich verdickenden Zweige immer der Zweifel bestehen, ob eine einseitige Förderung in bestimmter Richtung als alleiniges Ergebnifs der letzten oder als gemeinsames Resultat der letzten und der früheren Stellungen zu betrachten sei. Aehnliche Bedenken würden natürlich auch für die übrigen, das Dickenwachsthum bedingenden Einflüsse, bei denen wahrscheinlich eine Nachwirkung statt hat (Wärme, Licht etc.) Berücksichtigung finden müssen.

Ebenfalls störend für die Beurtheilung des Antheiles, welcher den verschiedenen, von aufsen einwirkenden Agentien auf die ungleichseitige Verdickung seitlich abgehender Zweige zukommt, werden (.— wenn auch in sehr viel geringerem Grade, als die Achsendrehungen, —) etwa stattfindende Hebungen und Senkungen sein müssen.

Es gehören hierher vor Allem einseitige Krümmungen sich fortentwickelnder Sprofsenden, wie sie an zahlreichen Holzgewächsen (*Ulmus, Fagus, Corylus, Tilia* etc.) bekannt sind. Die genannten Gattungen stimmen darin überein, dafs die Internodien in frühester Jugend vertical oder schief nach abwärts gerichtet sind, um sich später zu absteigender, horizontaler, schief aufsteigender oder selbst verticaler Stellung zu erheben.[1]

Auch Sprosse, deren Spitze nicht nutirt, ändern häufig im Laufe der Entwickelung ihre Neigung zum Horizonte und werden bogig gekrümmt. Gewöhnlich geschieht diefs in dem Sinne, dafs der vordere Theil sich aufzurichten strebt. Aufser von äufsern Kräften, wird diefs unzweifelhaft auch durch die Stellung bedingt, welche ein Sprofs im Gesammtbau des Pflanzenstockes einnimmt. Wird ein Baum vor dem Austreiben der Knospen im Frühjahre seines Gipfeltriebes beraubt, so übernehmen bekanntlich ein oder mehrere Seitentriebe dessen Stelle. Statt, wie ihnen unter früheren Verhältnissen vorgeschrieben gewesen wäre, horizontal oder in schiefer Richtung fortzuwachsen, zeigen sie nun einen aufstrebenden Wuchs, wobei die Richtung der bereits angelegten Internodien sich zum Theil ändert.

Dafs ältere belaubte Aeste bei weiterer Verlängerung sich sehr gewöhnlich senken, ist leicht zu constatiren und erscheint bei der Zunahme ihrer Belastung, welche an einem sich stets verlängernden Hebelarme wirkt, durchaus naturgemäfs. Ob aber an mehrjährigen Aesten auch eine dauernde Hebung eintreten kann, ist meines Wissens bisher nicht ermittelt. Falls die geringen Unterschiede der Beleuchtung, welche dem Cambium und den jungen Holzzellen der Ober- und Unterseite geneigter Aeste noch zu Gute kommt, eine Steigerung

---

[1] Sind die Sprosse dauernd nach abwärts gerichtet, wie diefs bei der Hängebuche und Hängeulme der Fall ist, so zeigen die fortwachsenden Sprofsenden keine Nutationskrümmungen.

ihres Längenwachsthumes auf der Unterseite zur Folge haben, so würde eine Vorbedingung hierfür gegeben sein. Jedenfalls würde dem aber der Zug nach abwärts entgegenwirken, welchen die gesteigerte Belastung durch Austreiben neuer Knospen und Blätter und durch Verdickung der schon vorhandenen Auszweigungen ausübt und dem die durch Bildung neuer Jahresringe erhöhte Tragfähigkeit der älteren Astglieder wol für sich allein nicht die Wage hält. Ueberdiefs wird, da die Belastung bei der Entfaltung neuer Blätter und Zweige im Frühjahr und beim Blätterfall im Herbste sich periodisch ändert und auch die Elastizität und Biegungsfestigkeit des Holzkörpers durch Steigerung und Verminderung des Wassergehaltes zu verschiedenen Jahreszeiten periodische Aenderungen erfährt, die Neigung der Zweige gegen den Horizont sich bald steigern, bald vermindern müssen.

Unabhängig hiervon finden, wie von PETRI[1]), CASPARY[2]) und GELESNOFF[3]) näher ermittelt wurde, durch den unmittelbaren Einflufs der Wärme sehr beträchtliche Hebungen und Senkungen seitlicher Aeste statt. Der Wechsel der Temperatur wirkt bei verschiedenen Arten nicht durchweg in gleichem Sinne: bei den einen wird der Winkel, welchen der Zweig mit der Verticalen macht, durch Abkühlung vergröfsert, bei den anderen verringert. Obschon die Beobachtungen nur zur Winterszeit ausgeführt wurden, die Möglichkeit also nicht ausgeschlossen ist, dafs neben der Aenderung der Temperatur auch das Gefrieren und Aufthauen des Imbibitionswassers im Holze dabei eine Rolle spielt, so ist es doch wahrscheinlich, dafs auch im Sommer während der Thätigkeit des Cambiums die Neigung der Aeste keine unveränderte bleibt.[4])

Anhangsweise verdient noch die Bedeutung localer Einflüsse auf die Richtung der Zweige kurz erwähnt zu werden. Es wird nicht unerheblich sein, ob ein Baum oder Strauch sich in geschützter Lage entwickelt oder ob er den Luftströmungen frei ausgesetzt ist. Starker Wind wird unregelmäfsige Krümmungen, nicht nur Hebungen und Senkungen, sondern auch seitliche Verbiegungen und Drehungen zur Folge haben, welche wenn sie sich fortdauernd in gleichem Sinne wiederholen, durch Wachsthum fixirt werden können.

V.

Wir gingen bisher von der Voraussetzung aus, dafs die Achsen der Holzgewächse ihrer Anlage nach allseitig gleichmäfsig seien, dafs dieselben Ursachen im Verlaufe ihres Dickenwachsthumes nach allen Richtungen des Querschnittes dieselben Wirkungen hervorrufen.

---

[1]) Tageblatt der Versamml. deutscher Naturf. und Aerzte in Stettin im Jahre 1863.

[2]) Ueber die Veränderungen der Richtung der Aeste holziger Gewächse, bewirkt durch niedrige Wärmegrade (Report of the internat. hortic. exhib. and botan. congress. — London. 1866).

[3]) Sitzungs-Ber. der Ges. naturf. Freunde zu Berlin, 1867, p. 23.

[4]) Dafs Krümmungen der Zweige eine Aenderung der Gewebespannung zur Folge haben müssen und hierdurch das Dickenwachsthum des Holzkörpers beeinflussen, ist von DETLEFSEN mit Recht hervorgehoben worden. Eine ausschliefsliche Bedeutung gebührt diesen Verhältnissen aber sicherlich nicht.

Diese Ansicht ist in der That verbreitet, und bis in die jüngste Zeit haben einzelne Autoren geglaubt, in dem Mangel, beziehungsweise Vorhandensein dorsiventraler Ausbildung eine strenge Grenzscheide zwischen Stamm und Blatt erkennen zu dürfen. So sagt VAN TIEGHEM [1]: „Ainsi, tandisque l'axe végétal, dans les deux parties, racine et tige, qui le constituent, est tout entier symétrique par rapport à une droite, l'appendice n'est symétrique que par rapport à un plan."

Doch zeigt schon die äufsere Gliederung der Sprosse, dafs diese Regel in so strenger Fassung nicht zutreffend ist.

Es gibt Sprosse. — auch solche, die vertical aufwärts wachsen, deren alternirend in zwei Reihen eingefügte Blätter an der einen Seite der Achse einen gröfseren Divergenzwinkel zeigen, als an der entgegengesetzten. Beispiele dieser Art, wie sie die Seitenzweige von *Tilia. Platanus* etc. bieten, haben bereits oben (pag. 34) Erwähnung gefunden. Instructiver noch sind die klimmenden Stämme von *Ficus stipulata* und mehrerer *Aroideen*, an denen die beiden Blattreihen an der der Stütze abgekehrten Seite einander beträchtlich mehr genähert sind, als an derjenigen, welche die Haftwurzeln hervortreten läfst. Bei den Gräsern zeigt sich die Dorsiventralität der Sprosse in der bekannten antidromen Einrollung der aufeinanderfolgenden Blattscheiden. womit auch eine Antidromie in der Blattstellung ihrer Achselknospen Hand in Hand geht. [2]) Antidrome Achselknospen finden wir in gleicher Weise an den zweizeilig beblätterten Seitenzweigen mancher dicotyledonen Holzgewächse, die überdiefs eine gegen die Oberseite des Sprosses gerichtete Verschiebung der Achselsprosse erkennen lassen. [3]) Wo mehrere in der Blattachsel befindliche Knospen abwechselnd nach rechts und links sich gegen die Blattmediane verschieben, wie diefs bei manchen Leguminosen der Fall ist. liegen auch hier die ersten Knospen sämmtlich nach derselben Seite des Stengels hin. In wieder anderen Fällen spricht sich die Dorsiventralität der Sprosse besonders deutlich in einer habituellen Anisophyllie (siehe oben pag. 30 ff.). in noch anderen in der Form der Blätter aus, von denen jedes einzelne für sich unsymmetrisch, dagegen zu den in der gegenüberliegenden Reihe ihm nächsten Blättern annähernd symmetrisch gebildet ist (z. B. *Ulmus, Celtis, Begonia)*.

Es ist nun gewifs kein Grund abzusehen. wefshalb ein Gegensatz zwischen Bauchund Rückenseite sich nicht ebensogut im inneren Bau aussprechen könnte, umsomehr, als wir bei niederen Pflanzen (z. B. den *Marchantiaceen*, den meisten *Jungermanniaceen* u. a.)

---

[1]) Rech. sur la symétrie de structure des plantes vasculaires. (Ann. des sc. nat. (Botanique) V. série. t. 13, p. 13.)

[2]) C. SCHIMPER, Beschreibung des Symphytum Zeyheri (GEIGER's Magazin für Pharmacie, Band 29 (1830) p. 46 ff.).

(3 DÖLL, Zur Erklärung der Laubknospen der Amentaceen. Ein Beitrag zur rheinischen Flora (1848).

Beides auf das Engste verknüpft seien. Wir hatten uns deshalb schon oben bei Besprechung der Arten mit habitueller Anisophyllie *(Centradenia rosea, Goldfussia anisophylla, Palea serpyllifolia)* die Frage vorzulegen, ob die Ungleichheit in der Entwickelung des Holzkörpers überall erst durch ungleiche Ernährung erworben und nicht etwa schon durch Erblichkeit überkommen sei.

Nach mehrfachem Suchen fand ich auch einige sehr schöne hierher gehörige Fälle, in welchen nicht nur der Holzkörper der Leitbündel, sondern auch andere Gewebepartieen verticaler Sprofsachsen Ungleichmäfsigkeiten dorsiventraler Natur erkennen liefsen.

Untersucht man einjährige Achsen von *Ficus stipulata*, welche genau senkrecht an der Mauer des Gewächshauses emporgestiegen sind, deren verschiedene Seiten von der Schwerkraft also während des gröfsern Theiles ihrer Entwickelung gleichmäfsig beeinflufst wurden, so findet man Holz- und Bastkörper auf der Bauchseite deutlich gefördert. Die Gefäfse sind hier durchgehends zahlreicher und von gröfserem Durchmesser, als auf der Rückenseite. Die dickwandigen Bastzellen, welche sich an der äufsern Grenze des Phloëms zu unregelmäfsigen, tangential angeordneten Gruppen sammeln, fand ich an der Bauchseite häufig zahlreicher und ihre Membranen stärker verdickt, als auf der Rückenseite, ohne dafs indefs hierin eine Beständigkeit zu bemerken gewesen wäre. Dafür ist aber die Rückenseite zuweilen in anderer Weise der Bauchseite gegenüber bevorzugt. In der äufsersten Partie der Rinde, dicht unterhalb des Periderms, fanden sich bei manchen einjährigen Sprossen stark verdickte Sclerenchymzellen. An der Rückenseite bildeten dieselben eine nahezu continuirliche, an einzelnen Stellen sogar doppelte Schicht; an der Bauchseite traten sie mehr vereinzelt auf. Doch ist dieser letzte Unterschied zwischen Bauch- und Rückenseite kein constanter.

Um Gewifsheit darüber zu erlangen, ob die ungleichmäfsige Förderung des Holzkörpers bei *Ficus stipulata* eine erbliche Erscheinung ist oder ob sie erst nach Anheftung des Sprosses an einer festen Unterlage durch einseitige Berührung zu Stande kommt, wurden auch solche verticale Sprosse untersucht, welche die Wand des Gewächshauses nicht erreicht hatten und im Dickicht benachbarter Zweige emporgewachsen waren oder welche genau senkrecht herabhingen (Taf. III, Fig. 4). Auch hier waren Holz- und Bastkörper an der Bauchseite mächtiger, als an der Rückenseite; — ob immer ganz in demselben Maafse, wie an festgewurzelten Sprossen, wage ich bei dem mir zur Verfügung stehenden, sparsamen Materiale nicht zu entscheiden.

Begonia scandens verhält sich umgekehrt, wie *Ficus stipulata*. Hier sind die Leitbündel der Rückenseite denen der Bauchseite gegenüber gefördert. Sehr stark trat diefs an einigen an der Wand des Gewächshauses vertical emporgewachsenen Sprossen hervor; doch zeigten auch frei über den Rand des Topfes herabhängende Sprosse noch in Entfernung von etwa 1 Meter von der fortwachsenden Spitze die bezeichnete Ungleichmäfsigkeit deutlich ausgesprochen, wenn auch in geringerem Grade (Taf. III, Fig. 3.)

/

Aus Vorstehendem ergibt sich die Nothwendigkeit, bei allen Holzgewächsen, deren
Seitenzweige eine Förderung des Dickenwachsthumes an der Ober- oder Unterseite zeigen
oder deren Horizontal- und Verticaldurchmesser constante Verschiedenheiten aufweisen, vor
Allem zu prüfen, ob diefs nicht Folge einer durch Erblichkeit auf den Sprofs überkommenen,
von seiner Stellung zum Erdradius unabhängigen Dorsiventralität ist. Insbesondere wird diese
Untersuchung bei solchen Arten vorausgehen müssen, wo die Seitenzweige äufserlich eine
erhebliche Verschiedenheit von Ober- und Unterseite erkennen lassen. In befriedigender
Weise wird sie aber nur bei solchen Arten durchgeführt werden können, bei denen einzelne
Sprosse vom ersten Beginne ihrer Anlegung verticale Stellung haben, dabei aber in ihrer
Blattstellung und sonstigen äufseren Gliederung mit den horizontalen Achsen derselben Art
übereinstimmen. Bei Holzgewächsen, deren fortwachsende Spitzen an aufrechten oder seitwärts gerichteten Sprossen Einkrümmung nach abwärts zeigen (*Fagus*, *Tilia*, *Ulmus* etc.),
werden also nur vertical abwärts gerichtete Zweige hängender Varietäten geeignete
Objecte darbieten.

2. Ueber das Dickenwachsthum des Holzkörpers an nicht verticalen Wurzeln.

Nachdem im Vorstehenden einige der wichtigeren Einflüsse hervorgehoben worden sind, welche das Dickenwachsthum der oberirdischen Sprofsachsen und insbesondere ihres Holzkörpers regeln, wird man uns gewifs beistimmen, dafs die Entscheidung der Frage, ob die Schwerkraft bei der ungleichmäfsigen Verdickung des Holzkörpers geneigter Achsen ursächlich betheiligt ist, an oberirdischen beblätterten Sprossen nicht in erster Linie in Angriff genommen werden kann. Schon die Herstellung allseitig gleichartiger äufserer Wachsthumsbedingungen ist bei ihnen kaum ausführbar, ohne ihre normale Entwickelung zu beeinträchtigen und ihre längere Lebensdauer zu gefährden. Wie aber liefse sich eine durch Erblichkeit überkommene Dorsiventralität im inneren Bau aufheben? Wie die nach beginnender Anlegung des Holzkörpers etwa erfolgenden Achsendrehungen und Richtungsänderungen beseitigen? Wie liefse sich erreichen, dafs im ersten Jahre die Blätter, in späteren Jahren die Seitensprosse an Ober- und Unterseite sich gleichmäfsig entwickeln und so dem Cambium eine gleiche Menge plastischen Materiales anfangs entziehen und später zuführen?

Viel günstiger sind in allen diesen Beziehungen die Wurzeln gestellt.

Die Wurzel ist bei der grofsen Mehrzahl der Pflanzen ihrem Grundplane nach ein typisch-radiäres Gebilde. Sie zeigt in ihrem inneren Bau fast niemals einen Gegensatz zwischen Bauch- und Rückenseite und wird durch mehr als eine Ebene in ähnliche Hälften getheilt. Dorsiventralität kommt vielleicht bei den monarchen Wurzeln einiger weniger Leitbündel-Cryptogamen vor.[1] Eine Neigung zu ihr könnte man allerdings auch bei den sehr zahlreichen diarchen Wurzeln der Leitbündel-Cryptogamen, Coniferen und Dicotyledonen suchen. Doch bleibt, auch wenn man diese Wurzeln zunächst von der Untersuchung ausschliefst, noch ein überaus reiches und mannichfaltiges Material an polyarchen Wurzeln von Monocotyledonen und Dicotyledonen für die Prüfung der uns beschäftigenden Frage übrig.

Die Zahl der Nebenwurzelreihen, welche eine Wurzel trägt, steht, wie bekannt, in engster Beziehung zu der Zahl der primären Vasalbündel des Centralcylinders; meist ist sie ihr gleich; nur bei wenigen Familien (den Umbelliferen und Araliaceen nach VAN TIEGHEM) beträgt sie das Doppelte.

Zwar sind, besonders bei horizontalen und schief geneigten Wurzeln, nicht alle aus ihnen entspringenden Nebenwurzeln im gleichen Maafse gefördert, und es können hierdurch Ungleichheiten in der Verdickung verschiedener Seiten der Mutterwurzel hervorgerufen werden; doch läfst sich diese Schwierigkeit dadurch vermindern oder ganz beseitigen, dafs man vor-

---

[1] cf. RUSSOW, Betrachtungen über das Leitbündel- und Grundgewebe etc., Dorpat (1875). p. 45.

zugsweise solche Wurzeln zur Untersuchung wählt, welche auf lange Strecken sehr wenige und dann nach allen Seiten möglichst gleich grofse Nebenwurzeln entsenden. Verläuft eine Wurzel mehrere Zolle unterhalb des Bodens, so wird sie durch das Licht gar nicht mehr erheblich, durch Wärme und Feuchtigkeit von allen Seiten annähernd gleichmäfsig beeinflufst. Nur der Druck, welchen sie beim Dickenwachsthume zu überwinden hat, wird nicht überall gleich grofs sein und, je nach der Natur der an ihre Aufsenschichten grenzenden Bodenpartikelchen oder anderen fremdartigen Körper, mannichfache Abstufungen zeigen. Er wird sich für dieselbe Stelle im Laufe der Entwickelung steigern müssen, wenn die Wurzel Widerständen begegnet, welche ihr Ausdehnungsstreben nicht zu überwinden vermag, wenn z. B. zwei noch im Dickenwachsthum begriffene Wurzeln einander benachbart sind, ohne sich ausweichen zu können; er wird sich vermindern müssen, wenn der Boden durch Spaltenbildung beim Austrocknen oder durch die Thätigkeit unterirdisch lebender Thiere oder durch Verlängerung benachbarter junger Wurzelauszweigungen aufgelockert wird. Bei Wurzeln, welche sich in geringer Entfernung unterhalb der Bodenoberfläche in nahezu horizontaler Richtung erstrecken, wird es nicht ohne Bedeutung sein, ob über ihnen reichlicher Pflanzenwuchs den Boden bindet oder ob dieser davon entblöfst ist: ob die Oberfläche etwa von Zeit zu Zeit künstlich aufgelockert, oder ob der Boden hier durch Thiere und Menschen festgetreten wird.

In wie hohem Maafse das Dickenwachsthum der Wurzeln durch Druck beeinflufst wird, zeigen mancherlei Vorkommnisse in freier Natur in unzweideutigster Weise, ganz besonders deutlich solche Wurzeln von Holzgewächsen, welche in engen Gesteinsspalten eingeschlossen sind und dann bei höherem Alter in Richtung derselben abgeplattet erscheinen. [1] Während Holz- und Bastkörper an den freien Stellen stark entwickelt sind, ist ihr Zuwachs nach den Seiten gröfseren Widerstandes hin auf das Aeufserste beschränkt, und es mufs hier offenbar eine Grenze geben, über welche hinaus eine vollständige Sistirung eintritt. Dieselbe Erscheinung tritt im Kleinen auch im Innern von Blumentöpfen auf. Solche Wurzeln, welche sich der Innenseite des Topfes anschmiegen, sind hier mehr oder weniger stark abgeplattet, nach dem Boden hin aber, falls hier nicht Widerstände besonderer Art obwalten, in normaler Weise gewölbt. Die microscopische Betrachtung des Querschnittes zeigt an der freien Seite meist alle Theile im Vergleich zur gegenüberliegenden entsprechend gefördert. Weicht die Querschnittsform einer solchen Wurzel schon im jugendlichen Zustande erheblich von der normalen ab, so ist auch der Centralcylinder in Richtung des stärksten Druckes weniger entwickelt, als rechtwinkelig dazu, und zeigt statt regelmäfsiger Kreisform eine mehr ovale Gestalt. Bei Wurzeln mit isolirten Vasal-Bündeln sind dabei die Gefäfsreihen der primären Vasalbündel nicht selten nach allen Richtungen noch gleich lang, so dafs die Ungleichmäfsig-

---

[1] cf. FRANK, die Krankheiten der Pflanzen, 1880, p. 17.

keiten in radialer Richtung nur die Rinde und das als Mark bezeichnete Gewebe treffen. War die Wurzel dagegen schon von ihrer ersten Anlegung an einem sehr starken Seitendrucke ausgesetzt, so zeigen sich bei allen darauf untersuchten Leitbündelpflanzen schon die jungen Vasalbündel in Richtung dieses Druckes den andern gegenüber deutlich verkürzt. Auf Taf. I ist in Fig. 5 ein Querschnitt durch eine junge Keimwurzel von Pisum sativum dargestellt, welche zwischen zwei Spiegelglasplatten bei einer Belastung von 713,5 gr erwachsen war. [1] In dem dreiarmigen Gefäßsterne enthält der in Richtung des Druckes liegende Strahl nicht nur ein Gefäß weniger, als die beiden anderen, sondern es sind seine Gefäße auch deutlich in radialer Richtung mehr zusammengedrückt. [2]

Aus Vorstehendem erhellt, daß, um die durch Ungleichmäßigkeit des Druckes hervorgerufenen Störungen in Rechnung bringen zu können, außer Wurzeln, welche dem Boden entnommen wurden, nach Möglichkeit auch solche untersucht werden müssen, welche unter allseitig gleichmäßigem Drucke, also in feuchter Luft oder in wässrigen Nährstofflösungen bei verschiedener Neigung zur Lothlinie erwachsen sind.

Freilich ist ein Uebelstand, welcher uns für die beblätterten Sprosse als sehr empfindlich entgegentrat, auch bei den Wurzeln nicht ganz zu vermeiden, und, wenn letztere in Wasser oder Luft wachsen, wird es in noch höherem Maaße auftreten können, als im Boden. Wir sprechen von den Achsendrehungen, welche schon von CLOS [3], C. SCHIMPER [4] und A. BRAUN [5] an Wurzeln beobachtet wurden und sich in einem tangential-schiefen Verlaufe der Nebenwurzelreihen offenbaren. Doch zeigten mir einige, weiterhin zu besprechende, an freien Luftwurzeln von Orchideen, Aroideen und Carludovica-Arten angestellte Untersuchungen, daß solche Achsendrehungen jedenfalls nicht allgemein sind. Wo sie vorkommen, ist meist durch den schraubenlinigen Verlauf der Nebenwurzelreihen die Möglichkeit gegeben, sich vor einer durch sie verursachten Täuschung zu hüten. Es werden dann vorzugsweise solche Wurzeln zur Untersuchung zu wählen sein, welche durch den geraden Verlauf der Nebenwurzelreihen zeigen, daß sie von einer Drehung verschont geblieben sind.

Eine einfache Erwägung sagt uns übrigens, daß Wurzeln, welche sich im Boden reichlich verzweigen, nur in ihrem jüngsten Theile, zwischen der fortwachsenden Spitze und

---

[1] Das Gewicht der auf der Wurzel lastenden Spiegelglas-Platte war in Luft bestimmt; unter Wasser war es also entsprechend geringer.

[2] Der Querschnitt hatte, bevor er gezeichnet wurde, mit einer Anzahl anderer, durch dieselbe Wurzel geführter nahezu 5 Jahre in verdünntem Glycerin gelegen. Es ergibt sich hieraus, daß es sich in diesem und ähnlichen Fällen nicht etwa um eine vorübergehende, durch die Elasticität der Membranen reparable Zusammendrückung, sondern um eine Wachsthumserscheinung handelt.

[3] Ebauche de la rhizotaxie (Thèse pour le doctorat ès sciences) Paris (1848). p. 37, 44 u. 45.

[4] Amtlicher Bericht über die 31. Vers. deutscher Naturf. und Aerzte zu Göttingen im September 1854, p. 87.

[5] Sitzungsber. des botan. Vereins für die Prov. Brandenburg, Jan. u. Febr. 1877.

der Stelle, wo die Nebenwurzeln hervorbrechen, eine erhebliche Achsendrehung erleiden
können. Sind sie einmal im Boden festgeankert, so ist ihre Lage eine unverrückbare, solange
die Nebenwurzeln lebenskräftig sind. Fände eine Achsendrehung der Mutterwurzel noch in
älteren Theilen statt, so müfste sie sich durch einseitige Zerrungen und Verbiegungen der
Nebenwurzeln nahe an deren Ursprungstelle kenntlich machen. Wo solche nicht beobachtet
werden, dürfen wir versichert sein, dafs das betreffende Wurzelstück seit dem Hervortreten
der Nebenwurzeln keine Achsendrehung erfahren hat.

Um den Einflufs kennen zu lernen, welchen bei der Wurzel, wenn sie sich unter
natürlichen Verhältnissen im Boden befindet, die Stellung ihrer Längsachse zur
Lothlinie auf das Dickenwachsthum des Holzkörpers etwa ausübt, empfahl es sich, die Untersuchung zuvörderst bei einigen solchen Arten auszuführen, deren oberirdische, horizon-
tal- oder schiefgerichtete Zweige eine sehr ausgesprochene Epinastie oder Hyponastie zeigen. Unter den epinastischen Arten hielt ich mich in erster Linie an die Arten
der Gattung *Tilia*, unter den hyponastischen an einige *Coniferen* und an *Buxus sempervirens*.

Bei Auswahl des Untersuchungsmateriales fanden die eben besprochenen Vorsichts-Mafs-
regeln möglichste Berücksichtigung. Die horizontalen Wurzeln stammten zum gröfseren
Theile aus dem hiesigen Thiergarten und dem botanischen Garten. Sie wurden fast sämmtlich einer Tiefe von mindestens 5 cm unter der Oberfläche des Bodens entnommen, wo das
Licht, falls es überhaupt bis dorthin vordringt, sicher ohne erheblichen Einflufs ist. Wo
nicht das Gegentheil bemerkt ist, war das untersuchte Wurzelstück so weit von der Ursprungstelle am Stamme oder der Mutterwurzel entfernt, dafs eine Beeinflufsung seitens
dieser nicht zu befürchten stand. Es wurde weiter darauf geachtet, dafs der Boden, welchem
die Wurzel entnommen wurde, von möglichst allseitig gleichmäfsiger Beschaffenheit war,
und dafs die betroffende Oertlichkeit nicht häufigem Betreten durch Menschen oder Thiere
ausgesetzt war, weil sonst durch Festtreten der oberen Bodenschicht eine erhebliche Ungleichmäfsigkeit in dem von oben und unten wirkenden Drucke herbeigeführt worden wäre. Freilich liefs sich nicht vermeiden, dafs über den untersuchten Wurzeln sich eine mehr oder
weniger reichliche Vegetation krautartiger Pflanzen angesiedelt hatte, welche den Boden nach
oben hin merklich stärker als nach unten banden. Auch die Verschiedenheiten in der Vertheilung der Bodenfeuchtigkeit, wie sie durch das Einsickern des Regenwassers und durch
das Emporsaugen des Grundwassers bedingt sind, mufsten als unvermeidlich in den Kauf
genommen werden.

Welchen Werth man diesen störenden Einflüssen aber auch beilegen mag, — bei
Vergleichung der im zweiten Theile dieser Abhandlung zusammengestellten Einzelbefunde

wird man die Ueberzeugung gewinnen, dafs die hierdurch etwa hervorgerufene Förderung der Ober- oder Unterseite des Holzkörpers gegenüber den localen Schwankungen vollkommen unerheblich ist.

Aus den Special-Beobachtungen ergibt sich als Resultat, dafs von einer typischen Epinastie oder Hyponastie des Holzkörpers in ähnlicher Art und gleich annähernder Beständigkeit, wie wir dieselben bei den oberirdischen Seitenzweigen mehrerer Holzgewächse kennen lernten, bei den Wurzeln der von mir daraufhin untersuchten Arten nicht entfernt die Rede sein kann. Dieselbe Wurzel kann innerhalb geringer Längen-Abstände bald nach oben, bald nach unten, bald nach rechts, bald nach links, bald schief nach oben, bald schief nach unten am stärksten entwickelt sein, und es zeigen bei mehrjährigen Wurzeln die einzelnen übereinandergelagerten Jahresringe hier durchschnittlich noch gröfsere Abweichungen, als wir solche schon bei den Jahresringen horizontaler Zweige derselben Art kennen lernten.

Um diese Thatsachen deutlicher hervortreten zu lassen, sind in den folgenden Tabellen die an einigen horizontalen Wurzeln von *Buxus sempervirens, Rubus Idaeus, Taxus baccata, Thuja occidentalis* und *Tilia parvifolia* in Abständen von 1 cm (in anderen Fällen von 3 cm) gemachten Befunde zusammengestellt. Messungen sind ebenso, wie an oberirdischen Zweigen, nur in beschränkter Zahl ausgeführt, da für den vorliegenden Zweck sorgfältig ausgeführte Schätzungen nach Augenmaafs sich als vollkommen ausreichend erwiesen. Die Ergebnisse sind in ihrer Regellosigkeit so sprechend, dafs sie einer specielleren Erläuterung nicht bedürfen. Nicht nur für den gesammten Holzkörper, sondern auch für einzelne Jahresringe sieht man nicht selten in Entfernungen von weniger als einem Centimeter das Maximum des Dickenwachsthumes von einer beliebigen Seite nach der entgegengesetzten überspringen.

Gewifs wird aus diesen an horizontalen, im Boden gewachsenen Wurzeln gemachten Beobachtungen Niemand den Eindruck gewinnen, dafs die Schwerkraft bei der Förderung des Dickenwachsthumes des Holzkörpers ursächlich betheiligt sei. Es wird vielmehr als naturgemäfs und nächstliegend erscheinen, die in solchen Wurzeln obwaltenden grofsen Unregelmäfsigkeiten mit den wechselnden Verhältnissen des Bodendruckes, localer Auflockerung der Rindengewebe durch die Angriffe unterirdisch lebender Thiere u. dergl. in ursächliche Beziehung zu bringen, da solche Einflüsse nicht nur von Ort zu Ort, sondern auch von Jahr zu Jahr mancherlei Schwankungen ausgesetzt sind.

Im Anschlusse an die im Boden erwachsenen Wurzeln wurden noch einige freie horizontal gerichtete Luftwurzeln und einige im Wasser frei flottirende Wurzeln untersucht. Beiderlei Wurzeln sind allerdings ebensowenig wie die erstbezeichneten, geeignet, die Frage nach einem etwaigen Einflusse der Schwerkraft zur definitiven Entscheidung zu bringen, denn sie sind in Luft oder Wasser zwar einem allseitig gleichmäfsigen Drucke ausgesetzt: dafür erfahren aber Ober- und Unterseite dieser Wurzeln den Einflufs der Beleuchtung und Wärme

(— die Luftwurzeln auch noch den der Benetzung —) in verschiedenem Maaßse. Immerhin wird es nicht ohne Werth sein, einige auf sie bezügliche Daten zusammenzustellen. Es mag hierbei besonders hervorgehoben werden, dafs sämmtliche untersuchte Luftwurzeln von Carludovica und ein Theil der Aroideenwurzeln sich in dem Schatten eines dicht besetzten Gewächshauses befanden und hier die Differenzen von Licht und Wärme für Ober- und Unterseite jedenfalls weniger beträchtlich ausfallen mufsten, als bei der in der Nähe der Glaswand stehenden *Vanda tricolor*. Eine besondere Aufmerksamkeit wurde bei den Luftwurzeln der Frage geschenkt, ob etwa eine Achsendrehung der fortwachsenden Spitze stattfindet, da in diesem Falle unsere Angaben werthlos sein müfsten. Ich versah zu diesem Zwecke am 21. November 1876[1]) einige zum Theil horizontal, zum Theil schief abwärts gerichtete Luftwurzeln auf ihrer nach oben gekehrten Seite von der Basis bis zur Spitze mit einer Reihe nahe aufeinanderfolgender Punkte von schwarzem Lack. Bei der Revision, welche am 14. Februar 1877 an den in der Zwischenzeit unverrückt an ihrer Stelle gebliebenen Pflanzen vorgenommen wurde, zeigte sich Folgendes:

1. Eine Anfangs 36 cm lange, unter ca. 45⁰ schief über den Topf hinabgeneigte Luftwurzel von *Monstera Lennei* hatte eine Länge von 36,8 cm erreicht. Die Lackpunkte bildeten noch sämmtlich eine gerade Linie auf der Oberseite: es hatte also keine Drehung stattgefunden.

2. Eine Anfangs 23 cm lange, unter ca. 45⁰ schief abwärts gerichtete Luftwurzel von *Anthurium cannaefolium* hatte eine Länge von 25 cm erreicht. Keine Spur von Drehung.

3. Eine Anfangs 55 mm lange, unter ca. 45⁰ schief abwärts gerichtete Luftwurzel von *Carludovica Sartorii* hatte eine Länge von 56 mm erreicht. Keine Spur von Drehung.

4. Eine Anfangs 21,5 cm lange, schief abwärts gerichtete Luftwurzel von *Vanda tricolor* hatte eine Länge von 22 cm erreicht. Keine Spur von Drehung.

5. Eine Anfangs 83 mm lange, nahezu horizontal gerichtete Luftwurzel einer unbestimmten *Vandee* hatte eine Länge von 131 mm erreicht. Keine Spur von Drehung.

Da es nach Vorstehendem nicht wahrscheinlich ist, dafs die Drehungen der Luftwurzeln von Orchideen, Aroideen und von Carludovica-Arten, falls sie überhaupt vorkommen, erhebliche Werthe zeigen, darf man mit einiger Zuversicht annehmen, dafs die auf den Bau ihres Centralcylinders und ihrer Rinde von mir untersuchten, im „Speciellen Theile" näher beschriebenen Luftwurzeln ihre ursprüngliche Stellung noch innehalten. Es würde sich unter dieser Voraussetzung bei den meisten derselben eine sehr entschiedene Neigung geltend machen, die in Richtung des Erdradius befindlichen Theile gegenüber den senkrecht auf ihr stehenden zu fördern, so dafs sowohl der Gesammtquerschnitt, als auch der Querschnitt des Holzkörpers ein Oval mit aufrecht stehender längster Achse darstellt. Ob diese Erscheinung,

---

[1]) Vergl. meine Mittheilung in den Sitzungs-Ber. des botanischen Vereins der Prov. Brandenburg, 1877, pag. 47.

welche keineswegs eine bei Gefäßpflanzen allgemein vorkommende ist, durch äußere Einflüsse (Schwerkraft, Licht etc.) direct hervorgerufen wird oder ob sie der Ausdruck einer ererbten Bilateralität ist, müssen weitere Untersuchungen entscheiden.

Von im Wasser frei flottirenden, horizontalen oder schiefgerichteten Wurzeln wurden bisher nur die Seitenwurzeln von *Pistia Stratiotes* und *Pontederia crassipes* untersucht. Die grofse Zartheit des Gewebes und ihr geringer Durchmesser macht sie zu wenig günstigen Objecten, da der bei der Anfertigung von Querschnitten unvermeidliche Seitendruck die Form des Querschnittes alterirt. Es ist defshalb unbedingt nothwendig, bei Ausführung der Schnitte die Wurzel so zu fassen, dafs die Klinge nicht in der Richtung von oben nach unten oder von unten nach oben, sondern von rechts nach links oder umgekehrt durch sie hindurchgeführt wird, weil nur dann die Formveränderungen des Gewebes für Ober- und Unterseite gleichmäßig ausfallen. Unter Berücksichtigung dieser Vorsichtsmafsregel hat sich ergeben, dafs Ober- und Unterseite sowohl dicht hinter dem Punctum vegetationis als auch weiter rückwärts ein gleiches Maafs der Ausbildung zeigen.

Machte es die Untersuchung der in feuchter Atmosphäre erwachsenen Luftwurzeln von Aroideen, Orchideen, Carludovica-Arten und der in Wasser frei flottirenden Wurzeln von *Pistia* und *Pontederia* wahrscheinlich, dafs durch die Schwerkraft weder die Oberseite, noch die Unterseite der Wurzeln bei deren Anlegung irgend erheblich gefördert wird, so wird diefs zur Gewifsheit erhoben durch die Untersuchung junger Wurzeln von *Gleditschia triacanthos, Picea excelsa* und *Tilia parvifolia,* welche sich in wässeriger Nährlösung bei Lichtabschlufs in horizontaler Stellung entwickelt hatten.

Ein im Boden erwachsenes Lindenbäumchen war im Mai 1877 seiner Seitenwurzeln beraubt und mit der am Ende gestutzten Pfahlwurzel in Wasser gebracht worden. Als nach mehreren Wochen junge Seitenwurzeln hervortraten, wurde das Wasser des Gefäfses mit KNOP'scher Normallösung vertauscht, das Glasgefäfs in ein knapp anschliefsendes Gefäfs von starkem Zinkblech gestellt und ein Kragen von doppeltem, schwarzen, für Licht undurchdringlichen Wollatlas so angebracht, dafs er sich einerseits dem Stämmchen des Lindenbäumchens, andererseits dem Zinkgefäfse eng anschmiegte. Um bei directer Besonnung der Gefäfse eine allzu grofse Erwärmung zu vermeiden, wurde über den schwarzen Kragen noch ein ebensolcher von weifsem Stoffe angebracht. Licht konnte unter diesen Umständen höchstens in unmerklichen Spuren zu den Wurzeln dringen.

Am 9. Juli wurde eine 47 mm lange, nahezu horizontale Seitenwurzel untersucht, welche, wie der geradlinige Verlauf der Nebenwurzelreihen im basalen Theile ergab, hier sicher keine Drehung erfahren hatte.

Die Rinde zeigte sich nahe der Spitze eher auf der Unterseite etwas mehr als auf der Oberseite gefördert. Weiter grundwärts war sie nach allen Richtungen so ziemlich gleichmäfsig entwickelt.

Auf successiven Querschnitten vom Scheitel gegen die Basis hin sah man die 5 primären Vasalgruppen des Centralcylinders an Ober- und Unterseite in gleicher Entfernung von der Spitze auftreten; nahe der Basis der Wurzel fanden sich aber die oberen Vasalbündel ein wenig mehr gefördert, als die unteren, so dafs der mittlere, noch gefäfsfreie Theil des Centralcylinders schwach excentrisch nach abwärts gerückt war. Der Gesammtumrifs des Centralcylinders war überall nahezu kreisrund.

Am 10., 12. und 13. Juli wurde je eine andere, fast horizontale Wurzel desselben Bäumchens untersucht. Die erste derselben hatte eine Länge von 63 mm, die zweite eine solche von 73 mm, die dritte von 72 mm. Nach Ausweis der geradlinigen Nebenwurzelreihen hatte eine Achsendrehung im basalen Theile nicht stattgefunden, war also auch im vorderen Theile nicht wahrscheinlich.

Der Gesammtquerschnitt zeigte sich bei allen drei Wurzeln von der Spitze gegen die Basis hin überall annähernd kreisrund. Die Rinde war allseitig gleichmäfsig entwickelt. Bei den ersten beiden Wurzeln waren 5, bei der letzten 4 primäre Vasalbündel vorhanden. Ueberall wurden dieselben an Ober- und Unterseite des Centralcylinders genau gleichzeitig angelegt, d. h. ihre ersten Gefäfse waren in gleicher Entfernung von der Wurzelspitze nachweisbar. Auch hielten sie weiter grundwärts in der Fortentwickelung gleichen Schritt. Nur nahe der Basis waren die der Oberseite der Wurzel angehörigen Vasalbündel in allen drei Fällen ebenso wie in der erstuntersuchten Wurzel in der Entwickelung gefördert.

Diese Förderung der Vasalbündel am oberen Theile der unter Lichtabschlufs erwachsenen 4 horizontalen Lindenwurzeln nahe ihrer Ursprungsstelle findet, wie ich meine, ihre Erklärung darin, dafs sie aus einer annähernd vertical gerichteten Pfahlwurzel hervorgegangen waren, das Material für ihre erste Anlegung und Fortbildung ihnen also von oben her zuflofs. Die Oberseite der Basis war hierdurch in der Zufuhr plastischer Substanzen entschieden begünstigt. Auch ältere, an verticalen Hauptwurzeln seitlich inserirte Nebenwurzeln von *Tilia* fand ich nahe der Ursprungsstelle meist stark epinastisch, und es gilt diefs, wie es scheint, auch von denen anderer Dicotyledonen und der Coniferen. Leider habe ich Anfangs versäumt, in jedem Falle genau festzustellen, ob die untersuchten Wurzeln an verticalen, horizontalen oder schiefgerichteten Mutterwurzeln entsprangen. Für den vorliegenden Punkt sind defshalb die am Schlusse zusammengestellten Einzel-Angaben zum Theil nur mit Vorsicht zu verwerthen.

Im Sommer 1881 wurden ähnliche Versuche, unter Beachtung derselben Vorsichtsmafsregeln, an mehreren Exemplaren von *Gleditschia triacanthos, Picea excelsa* und *Tilia parvifolia* wiederholt. Die Bäumchen waren mit gestutzten Haupt- und Nebenwurzeln im Mai in die Nährstofflösung eingesetzt worden. Die geeignet erscheinenden Wurzeln, welche sich im Laufe des Sommers entwickelt hatten, wurden im December desselben Jahres untersucht. An drei Wurzeln von *Picea excelsa*, von denen die eine, nahezu horizontalgerichtete

7*

in 43 mm Entfernung, die beiden anderen schiefgerichteten in 25, beziehungsweise 33 mm Entfernung von der Ursprungstelle untersucht wurden, zeigten sich Ober- und Unterseite des primären Vasalkörpers gleichstark entwickelt. Secundäres Holz war noch an keiner der Wurzeln gebildet.

Unter acht Wurzeln von *Gleditschia*, von denen zwei nahezu horizontal und sechs schief abwärts gerichtet waren, zeigten nur zwei, schon mit secundärem Holze ausgestattete (in Entfernungen von 18, beziehungsweise 25 mm von der Ursprungstelle untersucht) eine sehr geringe Förderung der Unterseite, während die sechs anderen, zum Theil jüngeren (in 27, beziehungsweise 32, 35, 35, 39 und 55 mm Entfernung von der Ursprungstelle untersucht) ihren Holzkörper an Ober- und Unterseite gleich stark gefördert zeigten. Von *Tilia parvifolia* wurden ebenfalls 8 seitwärts gerichtete Wurzeln verschiedener Altersstufen in Entfernungen von 18, 21, 24, 25, 27, 30, 35 und 45 mm von der Ursprungstelle genauer untersucht. An fünf von ihnen war der Holzkörper an Ober- und Unterseite gleich entwickelt (Taf. III, Figg. 5 und 6), an zweien an der Unterseite, an einem an der Oberseite um ein sehr Geringes stärker.

Leider war das im Jahre 1877 in wässerige Lösung gestellte Lindenbäumchen in Folge ungünstiger äuserer Verhältnisse (— es stand mir damals kein Gewächshaus zur Verfügung —) schon nach einem Jahre zu Grunde gegangen, und es bleibt demnach noch durch den Versuch zu entscheiden, ob auch spätere Jahresringe, falls dieselben an horizontalen Wurzeln unter Lichtabschlufs und bei allseitig gleichmäfsigem Aufsendrucke gebildet werden, an der Ober- und Unterseite gleich mächtig sind. Doch ist diefs nach den Befunden an Bodenwurzeln als wahrscheinlich anzunehmen.

Unsere Beobachtungen haben uns zu dem Ergebnisse geführt, dafs eine directe Beeinflussung der Holzbildung durch die Schwerkraft bei der ersten Anlegung der Vasalbündel in den Wurzeln von *Gleditschia triacanthos*, *Picea excelsa* und *Tilia parvifolia* entschieden nicht stattfindet und dafs eine solche für die späteren Jahresringe nicht nur bei diesen Arten, sondern auch bei anderen Holzgewächsen aus den Abtheilungen der Dicotyledonen und Coniferen höchst unwahrscheinlich ist.

So ähnlich nun auch alle Einzelvorgänge sind, aus welchen die Bildung des secundären Holzes in den beblätterten Achsen und in den Wurzeln der gleichen Art sich zusammensetzt, ist es doch nicht gestattet, dieses Resultat von der Wurzel unmittelbar auf den Stamm und seine Auszweigungen zu übertragen. Bei oberirdischen, beblätterten Sprossen werden wir uns zunächst mit dem Erreichen einer gröfseren oder geringeren Wahrscheinlichkeit zufriedenstellen müssen, da eine ähnliche experimentelle Behandlung, wie sie bei den

Wurzeln leicht ausführbar ist, sich hier durch die Natur des Objectes verbietet. Eine längere Verdunkelung würde das Leben junger beblätterter Sprosse sehr bald gefährden, und eine allseitig gleichmäfsige Beleuchtung begegnet in der Praxis kaum zu überwindenden Schwierigkeiten. Am leichtesten würde es noch ausführbar sein, ein Stück eines mehrjährigen, horizontalen Zweiges oder besser eines vorher verticalen, erst nachträglich in horizontale Stellung gebrachten Stämmchens unter Lichtabschlufs in allseitig gleichmäfsige Temperatur und Luftfeuchtigkeit zu versetzen.

Sollte es uns aber gelingen, zu zeigen, dafs horizontale Wurzeln von Coniferen und Laubhölzern, wenn sie in einem mittleren Theile ihres Verlaufes vom Boden entblöfst wurden und sich nun unter ähnlichen äufseren Bedingungen, wie freie Seitenzweige, fortentwickeln, von jetzt ab ähnlich, wie jene, an ihrer Unterseite, beziehungsweise Oberseite stärker gefördert werden und dafs andererseits unterirdische Ausläufer von Laubhölzern, welche sich unter ganz ähnlichen äufseren Verhältnissen, wie Wurzeln befinden, die Epinastie der oberirdischen, horizontalen Zweige vermindern oder ganz verlieren, dann wäre gewifs die Wahrscheinlichkeit eine sehr grofse, dafs bei der Epinastie und Hyponastie oberirdischer, horizontaler Zweige nicht die Schwerkraft, sondern andere Einflüsse ursächlich betheiligt sind, welche, gleich dieser, auf die Ober- und Unterseite in verschiedenem Maafse einwirkten.

Für Ersteres ist es mir gelungen, eine, wenn auch vielleicht nicht ganz genügende Zahl von Beobachtungen zu sammeln.

Wächst ein Baum an steilem Abhange auf lockerem Boden, so kommt es nicht selten vor, dafs einzelne Wurzeln durch Unterspülung auf weite Strecken entblöfst werden, ohne ihre Lebensfähigkeit einzubüfsen. Während der jüngste, im Boden befindliche Theil sich in normaler Weise verlängert und neue Auszweigungen bildet, setzt der ältere, freie Theil unter ganz ähnlichen äufseren Verhältnissen sein Dickenwachsthum fort, wie ein beblätterter Seitenzweig, insofern bei beiden die Beleuchtung, Erwärmung, Durchfeuchtung etc. für Ober- und Unterseite in verschiedener Weise zur Geltung kommen. Leider ist es in den meisten Fällen nicht möglich, die Zahl der Jahre mit Sicherheit zu bestimmen, welche seit Entblöfsung der Wurzel verflossen sind. Man thut defshalb, falls man sich nicht auf unbedingt zuverlässige Angaben eines in der betreffenden Gegend seit Jahren ansäfsigen Försters zu stützen vermag, gut, immer nur die letzten Jahresringe in Betracht zu ziehen, um so mehr, als die Entblöfsung der Wurzeln meist ganz allmählich durch Unterspülung erfolgt, und der fragliche Theil der Wurzel häufig Jahre lang dem Boden noch einseitig anlag, bevor er ganz frei wurde. Besonders werthvoll sind gewisse äufsere Anzeichen, z. B. die Ansiedelung von Flechten auf der Borke. Sobald diese vorhanden sind, darf man zuversichtlich annehmen, dafs das betreffende Wurzelstück schon seit mehreren Jahren vom Boden entblöfst ist.

Meine Beobachtungen beziehen sich zur Zeit hauptsächlich auf *Pinus silvestris* und *Fagus silvatica*. Von beiden hatte ich Gelegenheit, eine Anzahl instructiver Objecte an sandigen Abhängen bei Berlin und an anderen Orten zu sammeln. Aufserdem verdanke ich mehrere Prachtstücke Herrn Professor R. HARTIG in München, welcher, als er noch in Eberswalde war, die Güte hatte, der von mir geäufserten Bitte entsprechend, darauf zu fahnden.

Bei *Pinus silvestris* wurde zuvörderst von mir constatirt, dafs die ausgesprochene Hyponastie horizontaler beblätterter Seitenzweige an horizontalen Wurzeln verloren geht, wenn sich dieselben **in gröfserer Tiefe unterhalb der Bodenoberfläche befinden**. Zwar ist hier auch in lockerem Sande die Entwickelung des Holzkörpers nicht immer eine nach allen Richtungen genau gleichmäfsige, doch kommen Abweichungen, soweit ich aus einer immerhin noch beschränkten Zahl von Fällen zu beurtheilen vermag, ebenso gut nach der einen, als nach der anderen Richtung vor. Als Beleg dafür, dafs Gleichmäfsigkeit in der Entwickelung des Holzkörpers hier wenigstens vorherrschend ist, führe ich an, dafs von 6 den Forsten von Cöpenik bei Berlin aus einer Tiefe von mehr als 30 cm entnommenen, nahezu horizontalen Wurzeln 5 nach oben und unten ohngefähr gleich stark entwickelt und nur eine sehr schwach hyponastisch war.

Dagegen fand ich von 12, ebenfalls annähernd horizontal gewachsenen Kieferwurzeln, welche aber nur von etwa 3 bis 5 cm Boden bedeckt waren, im Ganzen 10 mehr oder weniger stark hyponastisch und nur 2 nach oben und unten ohngefähr gleich stark. Die Nähe der Bodenoberfläche hatte hier offenbar Verhältnisse geschaffen, welche sich denen der oberirdischen Zweige schon mehr näherten.

Von ganz freiliegenden, nahezu horizontalen oder etwas schief gerichteten Wurzeln von *Pinus silvestris* untersuchte ich an Ort und Stelle im Ganzen 14. Von diesen fand ich 6 stark hyponastisch, 3 stark schief-hyponastisch (d. h. mit schief nach abwärts gerichteter stärkster Entwickelung), 2 etwas weniger stark hyponastisch und 3 schwach hyponastisch. Von den 10 freiliegenden Pinus-Wurzeln, welche ich Herrn Professor HARTIG verdanke, waren 4 deutlich hyponastisch, 1 deutlich schief-hyponastisch, 1 schwach hyponastisch, 2 schwach epinastisch, und 2 stark schief-epinastisch. Von den letzten 4 Wurzeln, welche sämmtlich an der Oberseite stärker entwickelt waren, zeigten aber drei durch ihre seitlich zusammengedrückte Form, dafs sie wahrscheinlich unfern ihrer Ursprungsstelle abgetrennt waren; dafs aber hier die Oberseite der Wurzeln im Dickenwachsthume gefördert wird, ist uns schon bekannt.

An nahezu horizontalen oder schwach schiefgeneigten freiliegenden Wurzeln von *Fagus silvatica* ist, wie wir bei der meist deutlich ausgesprochenen Epinastie der beblätterten Zweige dieser Art erwarten werden, die grofse Mehrzahl mehr oder weniger stark epinastisch. Ich hatte Gelegenheit, unter 9 mir vorliegenden geeigneten Untersuchungs-Objecten, diefs an 7 zu constatiren. Bei einer waren Ober- und Unterseite nahezu gleich stark, bei einer anderen der untere Theil um ein sehr Geringes gefördert.

Erwägt man. dafs. wie die folgenden Tabellen zeigen, auch an den oberirdischen beblätterten Zweigen der Holzgewächse vielfache Unregelmäfsigkeiten vorkommen, so wird man die an freiliegenden Wurzeln von *Pinus silvestris* und *Fagus silvatica* gewonnenen Ergebnisse als entschieden günstig für unsere Auffassung bezeichnen müssen. Trotzdem halte ich es für nothwendig, die Untersuchungen in dieser Richtung noch auf andre Arten von Holzgewächsen auszudehnen und von jeder Art eine gröfsere Zahl von tiefen, flachliegenden und ganz entblöfsten Wurzeln zu prüfen, als sie mir zu Gebote standen. Für einen im Walde lebenden Forstmann wird es sehr viel leichter sein, diese Lücke auszufüllen, als für einen auf gelegentliche Excursionen beschränkten Stadtbewohner.

Ergebnisse.

1. Die in Nährstofflösungen bei Lichtabschlufs erwachsenen, horizontal- oder schiefgerichteten Wurzeln von *Gleditschia triacanthos*, *Picea excelsa* und *Tilia parvifolia* haben
gezeigt, dafs bei genannten Pflanzen die Schwerkraft weder auf die Entfernung. in welcher
die jüngsten Anlagen der primären Vasalbündel hinter der Wurzelspitze sichtbar werden.
noch auf deren weitere Ausbildung und auf die Ablagerung des ersten secundären Holzes
von nachweisbarem Einflusse ist. Nur im basalen Theile zeigte sich an solchen Seitenwurzeln. welche von senkrechten Hauptwurzeln entspringen. eine Förderung der Holzbildung
an der Oberseite. Diese findet ihre naheliegende Erklärung darin. dafs das plastische
Material für Ausbildung des Holzkörpers den Seitenwurzeln von oben her zuflofs.

2. Für die Entscheidung der Frage, ob das Dickenwachsthum der zweiten und
der folgenden Jahresringe durch die Schwerkraft beeinflufst wird. liefern meine Wasser-
Culturen allerdings zur Zeit noch keinen Anhalt, doch hat die Untersuchung horizontaler. in
genügender Entfernung von der Oberfläche erwachsener Bodenwurzeln in dieser Beziehung
zu negativen Resultaten geführt. Die bei solchen Wurzeln in grofser Zahl vorkommenden
Ungleichmäfsigkeiten im Dickenwachsthume zeigen keine constante Beziehung zur Lothlinie
und finden ihre genügende Erklärung in den schwankenden Verhältnissen des Bodendruckes
und localer Verminderung des Rindendruckes (durch die Thätigkeit unterirdisch lebender
Thiere etc.).

3. Da Wurzeln. wenn sie der Oberfläche des Bodens naheliegen oder gar an der
betreffenden Stelle von Boden entblöfst sind. bei den hierauf untersuchten Arten von Holzgewächsen (*Pinus silvestris* und *Fagus silvatica*) ähnliche Unterschiede zwischen Ober-
und Unterseite ihres Holzkörpers hervortreten lassen. wie deren oberirdische beblätterte
Zweige. so ist es höchst wahrscheinlich. dafs die Hyponastie. beziehungsweise Epinastie
der letzteren nicht durch die Schwerkraft, sondern durch andere Agentien hervorgerufen
wurde. welche Ober- und Unterseite in verschiedener Weise beeinflussen.

Von ganz besonderer. im Einzelnen aber je nach dem anatomischen Character der
Art, nach dem Standorte etc. sehr verschiedener Bedeutung werden dabei sein:

a) Das verschiedene Maafs von Wärme. Licht. feuchter Niederschläge. welches Ober-
und Unterseite empfangen.

b) Die Vertheilung der Belaubung. welche bei Laubhölzern sehr gewöhnlich im ersten
oder in den ersten Jahren die Unterseite eines Seitenzweiges. später dagegen seine
Oberseite durch reichlichere Zuführung von plastischem Materiale bevorzugt.

c) Der an der Oberseite stärker als an der Unterseite hervortretende Wechsel von Erwärmung und Abkühlung, Befeuchtung und Austrocknung. Dieser wird bei älteren Seitenzweigen, falls nicht besondere Umstände entgegenwirken, hier im Allgemeinen auf eine Auflockerung der äufseren, abgestorbenen Gewebe hinwirken. Hierdurch allein müfste die Transversalspannung zwischen Rindengewebe und Holzkörper an der Oberseite eines älteren Seitenzweiges im Vergleich zu dessen Unterseite vermindert werden.

d) Die durch das Eigengewicht der Seitenzweige an deren Oberseite hervorgerufene Längsspannung, welche für sich allein zu einer Begünstigung der Unterseite führen müfste.

e) Eine etwaige durch Erblichkeit befestigte Dorsiventralität des inneren Baues.

4. Als störende Momente werden sich den letzterwähnten Einflüssen noch die so häufig vorkommenden Achsendrehungen zugesellen, welche die von diesen hervorgerufenen Resultate nicht selten wesentlich ändern, zuweilen selbst in ihr Gegentheil umkehren.

5. Die im Einzelnen so zahlreich auftretenden Unregelmäfsigkeiten in der Richtung des stärksten Dickenwachsthums bei den aufeinanderfolgenden Jahresringen desselben Seitenzweiges werden gewifs zum Theile durch die bekannten Regellosigkeiten im Aufreifsen der Borke und in den hierdurch verursachten localen Verminderungen der Transversalspannung zwischen Holzkörper und Rindengeweben bedingt sein.

8

II. Specieller Theil.

A. Oberirdische Sprofs-Achsen.

Acer monspessulanum L.

Zweijähriger. nahezu horizontaler Seitenzweig. seitlich an einem horizontalen.
dreijährigen Zweige entspringend, am Ende in einen ebenfalls nahezu horizontalen,
einjährigen Sprofs sich fortsetzend, mit diesem zusammen untersucht.

Der ältere (zweijährige) Theil dieses Zweiges liefs äufserlich keine Drehung erkennen; dagegen war der jüngere (einjährige) Theil in der Basal-Region um wenige Grade nach links [1] gedreht. Weiter aufwärts war auch hier keine Drehung vorhanden.

I. Zweijähriger, unterer Theil des Sprosses, aus nur zwei gestreckten Internodien
bestehend.

1. (basales) Internodium (17 mm lang), ebenso. wie die folgenden. in der Mitte untersucht.

	oben.	unten.
Rinde und Periderm .	15 [2])	$14^1{}_2$
Phloëm	$10^1/_2$	10
2. Jahresring . . .	12	$17^1{}_2$
1. (innerer) Jahresring	22	$22^1/_2$

2. Internodium (11 mm lang).

	oben.	unten.
Rinde und Periderm .	16	14
Phloëm . .	8	8
2. Jahresring . . .	15	23
1. Jahresring . . .	$19^1{}_2$	21

---

[1] Die Worte „rechts" und „links" werden hier und im Folgenden im Sinne des in die Längsachse sich versetzenden, in Richtung der Drehung scheitelwärts aufsteigenden Beobachters gebraucht.

[2] Die Zahlen bedeuten den relativen Durchmesser der betreffenden Gewebetheile. in ebensovielen
Intervallen der Theilstriche desselben Ocular-Micrometers ausgedrückt. Die absoluten Maafse sind. weil
für unseren Zweck unerheblich. nicht berechnet.

II. Einjährige Fortsetzung des Sprosses, aus nur drei gestreckten Internodien bestehend.

1. (basales) Internodium (11 mm lang).

	oben.	unten.
Rinde und Periderm .	17	17
Phloëm	11	11
Holzring . . .	21	26

2. Internodium (13 mm lang).

	oben.	unten.
Rinde und Periderm .	$16^1/_2$	$15^1/_2$
Phloëm	10	9
Holzring	16	20

3. (letztes) Internodium (7 mm lang).

	oben.	unten.
Rinde und Periderm .	16	15
Phloëm	10	10
Holzring	11	13

Nach rechts und links war der Holzkörper in allen Internodien ziemlich gleichmäfsig im Wachsthum gefördert. Messungen hierüber wurden nicht angestellt.

Acer Negundo L.

1. Einjähriger, nahezu horizontaler Sprofs, nach Ausweis der Blattstellung in den vier letzten Internodien nicht irgendwie erheblich gedreht. Derselbe entsprang unmittelbar seitlich von einem schief herabsteigenden älteren Sprosse. Beide sich kreuzende Foliationsebenen waren schiefgerichtet.

(Die Querschnitte wurden in der Mitte jedes Internodiums ausgeführt.)

1. Internodium (kurz).

	oben.	unten.
Epidermis und Rinde	$12^1/_2$	11
Phloëm	$5^1/_2$	$6^1/_2$
Xylem	35	33

2. Internodium (lang).

	oben.	unten.
Epidermis und Rinde	$8^1/_2$	$8^1/_2$
Phloëm	$6^1/_2$	$6^1/_2$
Xylem	16	18

3. Internodium (lang).

	oben.	unten.
Epidermis und Rinde	8	$9^1/_2$
Phloëm	$6^1/_2$	$7^1/_2$
Xylem	$10^1/_2$	$16^1/_2$

8 *

4. Internodium (lang).

	oben.	unten.
Epidermis und Rinde	8	8
Phloëm . .	$6\frac{1}{2}$	$7\frac{1}{2}$
Xylem	$7\frac{1}{2}$	$12\frac{1}{2}$

5. (letztes) Internodium (kurz).

	oben.	unten.
Epidermis und Rinde	8	$8\frac{1}{2}$ ·
Phloëm . .	6	$7\frac{1}{2}$
Xylem	5	11

2. Die vier letzten Internodien eines zweijährigen, nahezu horizontalen Zweiges, nicht merklich gedreht. Die eine Foliationsebene nahezu vertical, die andere nahezu horizontal.

1. Internodium, lang. (Die Querschnitte wurden im oberen Theile desselben ausgeführt.)

	oben.	unten.
Epidermis und Rinde	9	$9\frac{1}{2}$
Phloëm	9	$10\frac{1}{2}$
2. (äufserer) Jahresring	$22\frac{1}{2}$	12
1. (innerer) Jahresring	15	19

2. Internodium, lang. (Mitte.)

	oben.	unten.
Epidermis und Rinde	9	$9\frac{1}{2}$
Phloëm	11	$9\frac{1}{2}$
2. Jahresring . . .	20	14
1. Jahresring . .	$11\frac{1}{2}$	$15\frac{1}{2}$

3. Internodium, lang. (Mitte.)

	oben.	unten.
Epidermis und Rinde	9	7
Phloëm	10	$9\frac{1}{2}$
2. Jahresring . . .	$14\frac{1}{2}$	14
1. Jahresring . .	$4\frac{1}{2}$	8

4. Internodium, kurz. (Mitte.)

	oben.	unten.
Epidermis und Rinde	10	13
Phloëm	10	11
2. Jahresring .	$18\frac{1}{2}$	31
1. Jahresring . . .	$4\frac{1}{2}$	6

In diesem zweijährigen Triebe war also der erste Jahresring durchweg hyponastisch, der zweite Jahresring im unteren und gröfseren Theile epinastisch, gegen das Ende hin hyponastisch.

3. Vollständiger dreijähriger Sprofs mit seiner zwei- und einjährigen Fortsetzung. Drei- und zweijähriger Theil nahezu horizontal; einjähriger Theil vom ersten Internodium an unter nahezu 45° aufsteigend.

3-jähriger Theil.

1. Internodium 4—6 mm lang
2.   „   80 „ „ ⎱ nicht merklich gedreht.
3.   „   78 „ „ ⎰
4.   „   65 „ „ um 40—45° nach links gedreht.
5.   „   64 „ „ ⎱ nicht merklich gedreht.
6.   „   12 „ „ ⎰

2-jähriger Theil.

1. Internodium 11 mm lang
2.   „   54 „ „ ⎫
3.   „   77 „ „ ⎬ nicht erheblich gedreht.
4.   „   30 „ „ ⎭

1-jähriger Theil.

1. Internodium 9 mm lang, um wenige Grade nach rechts gedreht.
2.   „   20 „ „
3.   „   19 „ „ ⎫ jedes dieser vier letzten Internodien um wenige Grade
4.   „   24 „   ⎬ nach links gedreht, das letzte kaum merklich.
5.   „   21 „ „ ⎭

Sämmtliche untersuchten Schnitte waren mit der nach dem Grunde des Sprosses gekehrten Seite nach oben gelegt.

I. Dreijähriger Theil.

1. Internodium wurde wegen seiner geringen Länge nicht untersucht.

2. Internodium.

	oben.	links.	rechts.	unten.
1. Jahresring . . .	38	19½	29½	24
2. „ . . .	12	6	10½	7½
3. „ . . .	3½	1½	2¼	2
Holzkörper im Ganzen	53½	27	42¼	33½

Der 1. Jahresring war rechts-oben bis oben am stärksten, links-unten am schwächsten.

Der 2. Jahresring war genau oben am stärksten, links-unten am schwächsten.

Der 3. (letzte) Jahresring war oben bis rechts-oben am stärksten, links-unten am schwächsten.

3. Internodium.

	oben.	links.	rechts.	unten.
1. Jahresring . . .	21	14	24	17½
2. „ .	11½	9	13	8
3. „ . . .	4½	1½	3	1½
Holzkörper im Ganzen	37	24½	40	27

Der 1. Jahresring war rechts am stärksten, links am schwächsten.
Der 2. Jahresring war oben und rechts-unten am stärksten, links-unten am schwächsten.
Der 3. Jahresring war oben und rechts-oben am stärksten, links-unten am schwächsten.

4. Internodium.

	oben.	links.	rechts.	unten.
1. Jahresring . .	$9\frac{1}{2}$	$7\frac{1}{2}$	$12\frac{1}{2}$	11
2. ,, . . .	11	$7\frac{1}{2}$	$12\frac{1}{2}$	$10\frac{1}{4}$
3. ,, . . .	6	$1\frac{3}{4}$	4	$2\frac{3}{4}$
Holzkörper im Ganzen	$26\frac{1}{2}$	$16\frac{3}{4}$	29	27

Der 1. Jahresring war rechts-unten und unten am stärksten, links-oben am schwächsten.
Der 2. Jahresring war von rechts-oben bis rechts-unten am stärksten, links am schwächsten.
Der 3. Jahresring war genau oben am stärksten, links-unten am schwächsten.

5. Internodium.

	oben.	links.	rechts.	unten.
1. Jahresring . .	$7\frac{1}{2}$	$6\frac{1}{2}$	$10\frac{1}{2}$	12
2. ,, . . .	13	$12\frac{1}{2}$	16	$14\frac{1}{2}$
3. ,, . . .	$5\frac{1}{2}$	$1\frac{1}{2}$	$3\frac{1}{2}$	3
Holzkörper im Ganzen	26	$20\frac{1}{2}$	30	$29\frac{1}{2}$

Der 1. Jahresring war unten und rechts-unten am stärksten, links-oben am schwächsten.
Der 2. Jahresring war rechts-unten am stärksten, links (links-oben bis links-unten) am schwächsten.
Der 3. Jahresring war oben bis rechts-oben am stärksten, links-unten am schwächsten.

6. Internodium.

	oben.	links.	rechts.	unten.
1. Jahresring . . .	$1\frac{1}{2}$	2	2	$2\frac{1}{2}$
2. ,, . .	$17\frac{1}{2}$	$19\frac{1}{2}$	$29\frac{1}{2}$	$32\frac{1}{2}$
3. ,, . . .	3	1	$4\frac{1}{2}$	$2\frac{1}{4}$
Holzkörper im Ganzen	22	$22\frac{1}{2}$	36	$37\frac{1}{4}$

Der 1. Jahresring war rechts-unten am stärksten, links-oben am schwächsten.
Der 2. Jahresring war rechts-unten am stärksten, links-oben am schwächsten.
Der 3. Jahresring war rechts-oben am stärksten, links am schwächsten.

II. Zweijähriger Theil.

1. Internodium.

	oben.	links.	rechts.	unten.
1. Jahresring . . .	9	$11\frac{1}{2}$	$16\frac{1}{2}$	18
2. ,, . . .	4	2	5	$2\frac{1}{2}$
Holzkörper im Ganzen	13	$13\frac{1}{2}$	$21\frac{1}{2}$	$20\frac{1}{2}$

Der 1. Jahresring war unten bis rechts-unten am stärksten, links-oben am schwächsten.
Der 2. Jahresring rechts-oben am stärksten, links-unten am schwächsten.

2. Internodium.

	oben.	links.	rechts.	unten.
1. Jahresring . . .	$5\frac{1}{4}$	7	$9\frac{1}{2}$	12
2. ,, . . .	$4\frac{1}{4}$	$2\frac{1}{2}$	5	3
Holzkörper im Ganzen	$9\frac{1}{2}$	$9\frac{1}{2}$	$14\frac{1}{2}$	15

Der 1. Jahresring war unten am stärksten, links-oben am schwächsten.
Der 2. Jahresring war rechts-oben am stärksten, links bis unten am schwächsten.

3. Internodium.

	oben.	links.	rechts.	unten.
1. Jahresring . . .	4	$4^{1}/_{2}$	7	$9^{1}/_{2}$
2. „ . . .	6	$3^{1}/_{2}$	6	4
Holzkörper im Ganzen	10	8	13	$13^{1}/_{2}$

Der 1. Jahresring war unten bis rechts-unten am stärksten, oben bis links-oben am schwächsten.

Der 2. Jahresring war oben, rechts-oben und rechts am stärksten, links-unten am schwächsten.

4. Internodium.

	oben.	links.	rechts.	unten.
1. Jahresring . .	$2^{1}/_{2}$	5	7	$9^{1}/_{2}$
2. „ . . .	9	7	11	$5^{1}/_{2}$
Holzkörper im Ganzen	$11^{1}/_{2}$	12	18	15

Der 1. Jahresring war unten (ein wenig nach links) am stärksten, oben (ein wenig nach rechts) am schwächsten.

Der 2. Jahresring war rechts-oben am stärksten, genau unten am schwächsten.

III. Einjähriger Theil.

1. Internodium.

	oben.	links.	rechts.	unten.
Holzkörper	9	10	14	$13^{1}/_{2}$

rechts-unten am stärksten, links-oben am schwächsten.

2. Internodium.

	oben.	links.	rechts.	unten.
Holzkörper	6	$8^{1}/_{2}$	12	11

rechts bis rechts-unten am stärksten, links-oben bis oben am schwächsten.

3. Internodium.

	oben.	links.	rechts.	unten.
Holzkörper	$6^{1}/_{2}$	7	9	$10^{1}/_{2}$

rechts-unten am stärksten, links-oben am schwächsten.

4. Internodium.

	oben.	links.	rechts.	unten.
Holzkörper	4	$4^{1}/_{2}$	$4^{1}/_{2}$	$5^{1}/_{2}$

unten am stärksten, oben am schwächsten.

5. Internodium.

	oben.	links.	rechts.	unten.
Holzkörper	$1^{1}/_{2}$	$3^{1}/_{2}$	$3^{1}/_{2}$	2

Die relativ hohen Zahlenwerthe für die rechte und linke Seite beruhen hier darauf, dafs genau seitlich je ein Blattspurstrang lag. Im Uebrigen war der Holzkörper unten stärker als oben entwickelt.

4. Einjähriger, 243 mm langer, zum gröfseren Theile nahezu horizontaler, nur in seinem basalen Theile schief bogig-absteigender Zweig, von einem schwach ansteigenden 2-jährigen Zweige nach rechts-unten entspringend.

Der untersuchte Sprofs war im 2. Internodium deutlich um etwa $\frac{1}{2}$ Rechten nach links gedreht; der obere Theil zeigte keine Drehung.

Alle Internodien wurden in ihrem mittleren Theile untersucht.

1. Internodium (6 mm lang).

	oben.	links.	rechts.	unten.
Epidermis, Rinde und Phloëm	9	9½	9	9
Xylem	27½	27½	28	27

2. Internodium (38 mm lang).

	oben.	links.	rechts.	unten.
Epidermis, Rinde und Phloëm	7½	7	8	7½
Xylem	19	17	20	18

Der Holzkörper war links bis links-oben am schwächsten, rechts bis rechts-unten am stärksten.

3. Internodium (84 mm lang).

	oben.	links.	rechts.	unten.
Epidermis, Rinde und Phloëm	6½	6½	7	7
Xylem	12½	11½	13	13

Der Holzkörper war links-oben am schwächsten, rechts-unten am stärksten.

4. Internodium (55 mm lang).

	oben.	links.	rechts.	unten.
Epidermis, Rinde und Phloëm	7	7	6½	8½
Xylem	7	9	8½	9½

Der Holzkörper war im Allgemeinen nach oben (ein wenig nach rechts) am schwächsten, nach unten (ein wenig nach links) am stärksten.

5. Internodium (50 mm lang).

	oben.	links.	rechts.	unten.
Epidermis, Rinde und Phloëm	6	7	6½	8
Xylem	5½	7½	5½	9

Der Holzkörper war im Allgemeinen nach oben (ein wenig nach rechts) am schwächsten, nach unten (ein wenig nach links) am stärksten.

6. Internodium (nur 2 mm lang) wurde wegen seiner geringen Länge nicht untersucht.

5. Querschnitt durch einen nahezu horizontalen, 4-jährigen Zweig. Ob unterhalb der Schnittfläche Drehung stattgefunden hatte, war nicht näher ermittelt worden.

	oben.	links.	rechts.	unten.
Periderm, Rinde und Phloëm	16	16	15½	16½
4. Jahresring . . .	13½	7¼	8½	3
3. „	22	23	14	23
2. „	25	18	29	18½
1. „	24	26½	23½	29½
Holzkörper im Ganzen . .	84½	74¾	75	74

Der 1. Jahresring war links-unten am stärksten, rechts-oben am schwächsten und in Beziehung zu einem schiefen Durchmesser nahezu symmetrisch ausgebildet.

Der 2. Jahresring verhielt sich genau umgekehrt; er war rechts-oben am stärksten und links-unten am schwächsten und ebenfalls symmetrisch zu einem schief gerichteten Durchmesser ausgebildet.

Der 3. Jahresring war links-unten am stärksten, rechts-unten am schwächsten, also sehr unsymmetrisch ausgebildet.

Der 4. Jahresring war oben (um ein Geringes nach links) am stärksten, genau unten am schwächsten und im Ganzen nur wenig unsymmetrisch ausgebildet.

6. Querschnitt durch den mittleren Theil eines Internodiums eines nahezu horizontalen, 3-jährigen Zweiges. Ob unterhalb der Schnittfläche Drehungen stattgefunden hatten, war nicht ermittelt worden.

	oben.	links.	rechts.	unten.
Periderm, Rinde und Phloëm	14	13	12	11
3. Jahresring	5	5	3	$3^1/_2$
2. „	20	$18^1/_2$	15	12
1. „	18	$17^1/_2$	$26^1/_2$	$18^1/_2$
Holzkörper im Ganzen	43	41	$44^1/_2$	34

Der 1. Jahresring war rechts am stärksten, links am schwächsten entwickelt und nahezu symmetrisch gebaut.

Der 2. Jahresring war oben und links-oben am stärksten, rechts-unten und unten am schwächsten entwickelt und nicht genau symmetrisch.

Der 3. Jahresring war rechts-oben und demnächst links-unten am stärksten, rechts-unten am schwächsten entwickelt und wich stark von symmetrischem Baue ab.

Calycanthus occidentalis HOOK. et ARN.

1. Querschnitt durch einen 6-jährigen, nahezu horizontalen Zweig. Gesammtumrifs (abgesehen von den durch die vier rindenständigen Bündel erzeugten, flachen Vorsprüngen) nahezu kreisförmig.

1. Jahresring sehr schwach hyponastisch. Stärkste Entwickelung links-unten; schwächste Entwickelung rechts. (Verh. c. $1^1/_2$: 1.)

2. Jahresring deutlich epinastisch. Stärkste Entwickelung oben, ein wenig nach links; schwächste Entwickelung rechts, ein wenig nach unten. (Verh. c. $1^3/_4$: 1.) Dieser Jahresring war von unregelmäfsig-gebuchteter Form.

3. Jahresring allseitig annähernd gleichmäfsig.

4. Jahresring allseitig annähernd gleichmäfsig.

9

5. Jahresring sehr schwach hyponastisch. Stärkste Entwickelung links-unten schwächste Entwickelung rechts, ein wenig nach unten. (Verh. c. 1¹ , : 1.

6. Jahresring deutlich hyponastisch. Stärkste Entwickelung links-unten und unten; schwächste Entwickelung links-oben und rechts-oben. Verh. c. 2 : 1.)

2. Querschnitt durch einen 6-jährigen. nahezu horizontalen Zweig.

1. Jahresring allseitig nahezu gleichstark.
2. Jahresring deutlich epinastisch. Stärkste Entwickelung oben, ein wenig nach links; schwächste Entwickelung unten, ein wenig nach rechts. (Verh. c. 2¹/₄ : 1.
3. Jahresring sehr schwach epinastisch. Stärkste Entwickelung rechts-oben: schwächste Entwickelung unten. (Verh. c. 1¹/₃ : 1.)
4. Jahresring sehr schwach epinastisch. Stärkste Entwickelung oben, ein wenig nach rechts: schwächste Entwickelung rechts. (Verh. c. 1¹ ₃ : 1.)
5. Jahresring allseitig nahezu gleichstark.
6. Jahresring. Stärkste Entwickelung links-unten: schwächste Entwickelung rechts-unten. (Verh. c. 1¹ ₂ : 1.) Genau oben annähernd ebenso stark, wie genau unten.

Castanea sativa MILL.

Es wurde am 1. Februar 1877 ein einjähriger, nicht genau horizontaler, ein wenig schief nach abwärts gerichteter Zweig. welcher von einem schief nach aufwärts gerichteten Zweige schief nach vorn entsprang, in seinen sämmtlichen Internodien untersucht. Der untersuchte Zweig war, abgesehen von der Basis, offenbar nicht gedreht, da beide Knospenreihen seitlich inserirt waren.

1. Internodium	6 mm lang.		5. Internodium 22 mm lang.		
2.	21 „ „		6.	„ 25 „ „	
3.	19 „ „		7.	„ 22 „	
4.	„ 27 „ „		8.	„ 18 „ „	

Es wurden in der Mitte jedes Internodiums Querschnitte hergestellt. An keinem derselben zeigte die Ober- oder Unterseite eine erheblich überwiegende Förderung. Messungen wurden nicht ausgeführt.

Corylus Avellana L.

1. Querschnitt durch den mittleren Theil eines Internodiums eines 3-jährigen. nahezu horizontalen Zweiges, welcher, wie aus der Stellung der Seitenzweige zu erkennen war, oberhalb des basalen Theiles keine irgend erhebliche, nachträgliche Achsendrehung erfahren hatte.

Gesammtumrifs oval, etwas höher als breit.

Mark: Vertikaler Durchmesser 21; horizontaler Durchmesser 21¹/₂.

	oben.	links.	rechts.	unten.
1. Jahresring	7	6¹/₂	7¹/₂	8¹/₂
2. „	32¹/₂	30¹/₂	32	34
3. „	20	15¹/₂	14	11
Holzkörper im Ganzen . .	59¹/₂	52¹/₂	53¹/₂	53¹/₂
Periderm, Rinde und Phloëm	8	8	8	8

Der erste und zweite Jahresring waren also hyponastisch, der dritte Jahresring epinastisch.

2. Querschnitt durch den mittleren Theil eines Internodiums eines 2-jährigen, nahezu horizontalen Zweiges, welcher oberhalb der Basis keine nachträgliche Achsendrehung erfahren hatte.

Gesammtumrifs nahezu kreisförmig, um ein Geringes höher als breit.

Mark: Vertikaler Durchmesser 23; horizontaler Durchmesser 24.

	oben.	links.	rechts.	unten.
1. Jahresring	10¹/₂	10	12	11¹/₂
2. „ . . .	21¹/₂	15¹/₂	17¹/₂	15
Holzkörper im Ganzen . .	32	25¹/₂	29¹/₂	26¹/₂
Periderm, Rinde und Phloëm	6	6¹/₂	6	6

Der erste Jahresring war also hyponastisch, der zweite Jahresring epinastisch.

3. Querschnitt durch einen 7-jährigen, fast genau horizontalen Zweig. Die seitliche Insertion der von ihm entspringenden Seitenzweige zeigte, dafs oberhalb der Basis keine irgend erhebliche Achsendrehung an ihm stattgefunden hatte.

Der Gesammtumrifs war deutlich oval: sein gröfster Durchmesser war vertikal, sein geringster nahezu horizontal gerichtet.

	oben.	links.	rechts.	unten.
1. Jahresring	13	14¹/₂	13¹/₂	15¹/₂
2. „	19	21	23¹/₂	22¹/₂
3. „	13	6¹/₂	14	12¹/₂
4. „ . . .	21	15¹/₂	9	9¹/₂
5. „ . . .	18	12	8¹/₂	9
6. „ . . .	16	10	10	7¹/₂
7. „	13	9	8	7
Holzkörper im Ganzen . .	113	88¹/₂	86¹/₂	83¹/₂
Periderm, Rinde und Phloëm	18	14	18	16

Die beiden ersten Jahresringe waren also hyponastisch; erst mit dem dritten begann die Epinastie.

4. Querschnitt durch die Mitte eines Internodiums eines nahezu horizontalen, 5-jährigen Zweiges. Die seitliche Insertion der von ihm entspringenden Seitenzweige zeigte, dafs oberhalb der Basis keine irgend erhebliche Achsendrehung an ihm stattgefunden hatte.

Gesammtumrifs oval, etwas höher als breit.

	oben.	links.	rechts.	unten.
1. Jahresring . . .	16	16½	16	18
2. „	17	13	12	12
3. „	7	5	6½	4½
4. „ .	6	8	5½	7
5. „	9½	6½	4½	4½
Holzkörper im Ganzen . .	55½	49	44½	46
Periderm, Rinde und Phloëm	9	9	8½	11

Der 1. Jahresring des Holzkörpers war also deutlich hyponastisch.
Der 2. und 3. Jahresring deutlich epinastisch.
Der 4. Jahresring ein wenig hyponastisch.
Der 5. Jahresring wieder deutlich epinastisch.

5. Querschnitt durch die Mitte eines Internodiums eines nahezu horizontalen, 7-jährigen Zweiges, der, nach der Stellung seiner Seitenzweige zu urtheilen, keine erhebliche Achsendrehung erfahren hatte.

Gesammtumrifs nahezu kreisförmig, um ein Geringes breiter, als hoch.
Mark: verticaler Durchmesser 19½: horizontaler Durchmesser 23½.

	oben.	links.	rechts.	unten.
1. Jahresring	5	5½	5½	6³⁄₄
2. „ . . .	23½	21	25	24½
3. „ . . .	12½	10	14½	15½
4. „	4½	5½	4	4
5. „	6	6	5	5½
6. „	5	4	3	4
7. „	5	4	4½	. 2¼
Holzkörper im Ganzen . .	61½	56	61½	62³⁄₄
Periderm, Rinde und Phloëm	8	9½	9	7

Die ersten drei Jahresringe waren also hyponastisch, die letzten vier Jahresringe epinastisch.

6. Querschnitt durch die Mitte eines Internodiums eines nahezu horizontalen, 5-jährigen Zweiges. der, nach der Stellung seiner Seitenzweige zu urtheilen. oberhalb der Basis keine irgend erhebliche Achsendrehung erlitten hatte.

Gesammtumriſs nahezu kreisförmig.

Mark: verticaler Durchmesser 17; horizontaler Durchmesser 19.

	oben.	links.	rechts.	unten.
1. Jahresring .	18	$18^1/_2$	19	$21^1/_2$
2. „ .	$13^1{}_2$	$11^1/_2$	13	$12^1/_2$
3. „ . . .	13	$12^1{}_2$	$13^1/_2$	$10^1/_2$
4. . .	10	6	9	8
5. „	$4^1/_2$	4	6	$3^1/_2$
Holzkörper im Ganzen . .	59	$52^1/_2$	$60^1/_2$	56
Periderm, Rinde und Phloëm	9	$9^1{}_2$	8	9

Der erste Jahresring war also hyponastisch, alle folgenden waren epinastisch.

Cydonia vulgaris PERS.

1. Querschnitt durch einen 7-jährigen, nahezu horizontalen Zweig.

Gesammtumriſs breit-oval; gröſster Durchmesser nahezu vertical.

   1. Jahresring stark epinastisch. oben etwa doppelt so breit als unten. (Stärkste Entwickelung links-oben.)

   2. „ sehr stark epinastisch, oben etwa 4 mal so breit als unten. (Stärkste Entwickelung links-oben.)

   3. „ stark epinastisch, oben etwa 3 mal so breit als unten. (Stärkste Entwickelung links-oben.)

   4. sehr stark epinastisch, oben mindestens 4 mal so breit als unten. (Stärkste Entwickelung links-oben.)

   5. „ stark epinastisch, oben etwa 3 mal so breit als unten. (Stärkste Entwickelnng ziemlich genau oben.)

   6. „ sehr stark epinastisch, oben etwa 4 bis 5 mal so breit als unten. (Stärkste Entwickelung nahezu oben, ein wenig nach rechts).

   7. „ im Ganzen sehr schmal, oben, links und unten ziemlich gleich breit, rechts etwa doppelt so breit.

2. Querschnitt durch einen 4-jährigen, nahezu horizontalen Zweig.

Gesammtumriſs oval (nicht ganz regelmäſsig). Gröſster Durchmesser nicht genau vertical (oberes Ende ein wenig nach rechts, unteres Ende ein wenig nach links abweichend).

   1. Jahresring deutlich epinastisch. Stärkste Entwickelung rechts-oben; schwächste Entwickelung links-unten (rechts-oben etwa doppelt so breit als links-unten).

2. Jahresring **stark epinastisch.** Stärkste Entwickelung genau oben; schwächste Entwickelung fast genau unten (oben etwa 3 bis 4 mal so breit als unten).

3. **schwach epinastisch.** Stärkste Entwickelung oben; schwächste Entwickelung rechts-unten.

4. **sehr stark epinastisch.** Stärkste Entwickelung oben, ein wenig nach links; schwächste Entwickelung unten, ein wenig nach recht- (links-oben etwa 4 mal so breit als rechts-unten).

3. Querschnitt durch einen 5-jährigen, nahezu horizontalen Zweig.
Gesammtumrifs breit-oval. Gröfster Durchmesser nahezu vertical.

1. Jahresring **schwach-, aber deutlich epinastisch.** Stärkste Entwickelung oben; schwächste Entwickelung unten. (Verhältnifs beider Stellen etwa $1^1_3 : 1$.)

2. **deutlich epinastisch.** Stärkste Entwickelung oben; schwächste Entwickelung rechts-unten. (Verh. etwa $1^1/_2 : 1$.)

3. **stark epinastisch.** Stärkste Entwickelung oben: schwächste Entwickelung rechts-unten. (Verh. etwa 3 : 1.)

4. **stark epinastisch.** Stärkste Entwickelung rechts-oben; schwächste Entwickelung nahezu genau unten. (Verh. etwa 3 : 1.)

5. **stark epinastisch.** Stärkste Entwickelung links-oben: schwächste Entwickelung rechts-unten. (Verh. etwa 3 bis $3^1/_2 : 1$.)

Fraxinus excelsior L.

1. Querschnitt durch einen 3-jährigen, nahezu horizontalen Zweig.
Gesammtumrifs unregelmäfsig oval. Gröfster Durchmesser nahezu horizontal.
Längste Seite des gerundet-vierkantigen Markes von links-unten nach rechts-oben gerichtet.

1. Jahresring **sehr schwach epinastisch.** Stärkste Entwickelung links-oben und demnächst rechts-unten: schwächste Entwickelung rechts-oben und links-unten.

2. **deutlich epinastisch.** Stärkste Entwickelung oben, ein wenig nach links; schwächste Entwickelung rechts-unten. (Verh. $1^1/_2$ bis $1^3/_4 : 1$.)

3. **stark epinastisch.** Stärkste Entwickelung links; schwächste Entwickelung rechts-unten. (Verh. etwa 3 bis $3^1/_2 : 1$.)

2. Querschnitt durch einen 3-jährigen, nahezu horizontalen Zweig.
Gesammtumrifs sehr unregelmäfsig oval. Gröfster Durchmesser nahezu horizontal.
Längste Seite des gerundet-vierkantigen Markes schief von links-unten nach rechts-oben gerichtet, der Verticalen sich mehr nähernd, als der Horizontalen.

1. Jahresring sehr schwach epinastisch. Stärkste Entwickelung oben, ein wenig nach rechts; schwächste Entwickelung unten, ein wenig nach links. (Verh. etwa $1^1{}_2 : 1$.)

2. schwach hyponastisch. Stärkste Entwickelung links-unten; schwächste Entwickelung rechts-oben. (Verh. etwa $1^1/_2 : 1$.)

3. stark epinastisch. Stärkste Entwickelung links-oben bis oben und rechts (, während rechts-oben die Entwickelung schwächer war): schwächste Entwickelung unten, ein wenig nach rechts (Verh. etwa $3^1{}_2 : 1$.)

Liriodendron Tulipifera L.

1. Querschnitt durch einen 2-jährigen, nahezu horizontalen Zweig.

Gesammtumrifs unregelmäfsig breit-oval. Gröfster Durchmesser von links-unten nach rechts-oben gerichtet.

1. Jahresring sehr schwach epinastisch. Stärkste Entwickelung oben; schwächste Entwickelung links-unten und rechts.

2. stark epinastisch. Stärkste Entwickelung rechts-oben; schwächste Entwickelung links-unten. (Verh. etwa 3 : 1.)

2. Querschnitt durch einen 3-jährigen, nahezu horizontalen Zweig.

Gesammtumrifs ziemlich regelmäfsig breit-oval. Gröfster Durchmesser nahezu vertical.

1. Jahresring stark epinastisch. Stärkste Entwickelung links-oben; schwächste Entwickelung rechts-unten. (Verh. etwa 2 : 1.)

2. „ schwächer epinastisch. Stärkste Entwickelung nahezu oben, ein wenig nach links; schwächste Entwickelung nahezu unten, ein wenig nach rechts (Verh. etwa 2 : 1.)

3. sehr schwach epinastisch. Stärkste Entwickelung links; schwächste Entwickelung rechts. (Verh. etwa 2 : 1.)

3. Querschnitt durch einen 5-jährigen, nahezu horizontalen Zweig.

Gesammtumrifs nahezu kreisförmig.

1. Jahresring schwach epinastisch. Stärkste Entwickelung links-oben; schwächste Entwickelung unten. (Verh. etwa $1^1{}_2 : 1$).

2. „ schwach epinastisch. Stärkste Entwickelung oben; schwächste Entwickelung rechts-unten. (Verh. etwa $1^1{}_3 : 1$).

3. deutlich hyponastisch. Stärkste Entwickelung von unten bis rechts; schwächste Entwickelung links-oben. (Verh. etwa $1^1/_2 : 1$.)

4. Jahresring oben, rechts und unten nahezu gleich stark, links-oben um ein Geringes schwächer entwickelt.

5. fast in allen Theilen gleich stark, links-oben um ein Geringes schwächer entwickelt.

4. Querschnitt durch einen 5-jährigen, nahezu horizontalen Zweig.

Gesammtumrifs nahezu kreisförmig. Gröfster Durchmesser fast horizontal.

1. Jahresring schwach epinastisch. Stärkste Entwickelung oben; schwächste Entwickelung links-oben. (Verh. etwa $1^{1}/_{3}$: 1.)

2. „ deutlich epinastisch. Stärkste Entwickelung oben; schwächste Entwickelung unten. (Verh. etwa $1^{3}/_{4}$: 1.)

3. schwach epinastisch. Stärkste Entwickelung rechts-oben; schwächste Entwickelung links-unten. (Verh. etwa $1^{1}/_{2}$ bis $1^{3}/_{4}$: 1.)

4. „ deutlich epinastisch. Stärkste Entwickelung oben; schwächste Entwickelung links-unten. (Verh. etwa $1^{1}/_{2}$: 1.)

5. „ sehr schmal. überall nahezu gleichbreit.

5. Querschnitt durch einen 6-jährigen. nahezu horizontalen Zweig.

Gesammtumrifs breit-oval, nicht ganz regelmäfsig. Gröfster Durchmesser schief von links-unten nach rechts-oben gerichtet, mehr der Horizontalen als der Verticalen sich nähernd.

1. Jahresring deutlich epinastisch. Stärkste Entwickelung oben, ein wenig nach links; schwächste Entwickelung rechts, ein wenig nach unten. (Verh. etwa $1^{1}/_{2}$: 1.)

2. „ stark epinastisch. Stärkste Entwickelung genau oben; schwächste Entwickelung genau unten. (Verh. etwa 2 bis $2^{1}/_{2}$: 1.)

3. sehr schwach hyponastisch. Stärkste Entwickelung links-unten und demnächst rechts-oben.

4. „ überall annähernd gleichmäfsig entwickelt.

5. „ sehr schwach hyponastisch. Stärkste Entwickelung rechts; schwächste Entwickelung links. (Verh. etwa 2 bis $2^{1}/_{2}$: 1.)

6. „ etwas stärker hyponastisch, als der vorige. Stärkste Entwickelung links, ein wenig nach unten; schwächste Entwickelung oben. (Verh. etwa $2^{1}/_{3}$: 1.) Im Gegensatze zum vorigen Jahresring war hier die linke Seite stärker entwickelt, als die rechte.

6. Querschnitt durch einen 6-jährigen, nahezu horizontalen Zweig.

Gesammtumrifs oval. Gröfster Durchmesser nahezu horizontal, links ein wenig nach aufwärts, rechts ein wenig nach abwärts geneigt.

1. Jahresring deutlich epinastisch. Stärkste Entwickelung nahezu oben; schwächste Entwickelung rechts-unten. (Verh. etwa $1^{1}/_{2}$: 1.)
2. stark epinastisch. Stärkste Entwickelung oben; schwächste Entwickelung unten. (Verh. etwa 3 : 1); rechts und links annähernd gleich.
3. oben und unten annähernd gleich. Stärkste Entwickelung links, ein wenig nach oben; schwächste Entwickelung rechts. (Verh. etwa $2^{1}/_{2}$: 1.)
4. schwach epinastisch. Stärkste Entwickelung links; schwächste Entwickelung rechts. (Verh. etwa $1^{3}/_{4}$: 1.)
5. sehr schwach epinastisch. Stärkste Entwickelung links und rechts, hier nahezu gleich; schwächste Entwickelung oben und unten. Differenzen im Ganzen gering.
6. „ schwach epinastisch. Stärkste Entwickelung links; schwächste Entwickelung rechts und oben.

7. Querschnitt durch einen 10-jährigen, nahezu horizontalen Zweig.

Gesammtumrifs unregelmäfsig breit oval. Gröfster Durchmesser nahezu vertical.

1. Jahresring schwach epinastisch. Stärkste Entwickelung links-oben; schwächste Entwickelung links-unten. (Verh. etwa $1^{1}/_{2}$: 1.)
2. schwach epinastisch. Stärkste Entwickelung links-oben: schwächste Entwickelung rechts-unten. (Verh. etwa $1^{1}/_{2}$: 1.)
3. epinastisch. Stärkste Entwickelung links bis links-oben; schwächste Entwickelung rechts-unten. (Verh. etwa $1^{3}/_{4}$: 1.)
4. stark epinastisch. Stärkste Entwickelung oben, ein wenig nach links; schwächste Entwickelung unten, ein wenig nach rechts. (Verh. etwa 3 : 1.) Die linke Seite war hier erheblich stärker entwickelt als die rechte.
5. epinastisch. Stärkste Entwickelung oben, ein wenig nach links; schwächste Entwickelung unten, ein wenig nach rechts. (Verh. etwa $2^{1}/_{2}$: 1.)
6. sehr stark epinastisch. Stärkste Entwickelung oben, ein wenig nach links; schwächste Entwickelung unten, ein wenig nach rechts. (Verh. etwa 4 : 1.)
7. sehr stark epinastisch. Stärkste Entwickelung oben, ein wenig nach rechts: schwächste Entwickelung unten, ein wenig nach links. (Verh. etwa 4 : 1.) Die rechte Seite war im Ganzen etwas stärker entwickelt als die linke.
8. „ sehr stark epinastisch. Stärkste Entwickelung rechts-oben; schwächste Entwickelung links-unten. (Verh. etwa 5 : 1.) Rechte Seite im Ganzen etwas stärker entwickelt als die linke.

9. Jahresring sehr stark epinastisch. Stärkste Entwickelung links-oben; schwachste
  Entwickelung links-unten. Verh. etwa 5 bis 6 : 1.)
10. „ stark epinastisch. Stärkste Entwickelung rechts: schwach-t- Entwickelung
  links-unten. (Verh. etwa 5 bis 6 : 1.

Lonicera orientalis LAM

1. Querschnitt durch einen 4-jährigen, nahezu horizontalen Zweig.

Gesammtumrifs unregelmäfsig-oval. Gröfster Durchmesser nahezu vertical gerichtet.

1. Jahresring deutlich epinastisch. Stärkste Entwickelung oben: schwächste Entwickelung unten. (Verh. etwa $1^1{}_3$ bis $1^1{}_{/2}$: 1.)
2. „ schwächer epinastisch. Stärkste Entwickelung oben, ein wenig nach
  rechts; schwächste Entwickelung rechts-unten. (Verh. etwa $1^1{}_3$: 1.)
3. „ stark hyponastisch. Stärkste Entwickelung unten, ein wenig nach links;
  schwächste Entwickelung oben, ein wenig nach rechts. und rechts-unten (an
  letzterer Stelle nicht ganz normal entwickelt). (Verh. etwa 3 : 1.)
4. „ stark hyponastisch. Stärkste Entwickelung rechts-unten; schwächste
  Entwickelung oben und links-oben (hier an drei Stellen nahezu vollständig
  unterdrückt).

~

2. Querschnitt durch einen 6-jährigen, nahezu horizontalen Zweig.

Gesammtumrifs nahezu kreisrund.

1. Jahresring deutlich epinastisch. Stärkste Entwickelung oben und links-oben;
  schwächste Entwickelung unten. (Verh. etwa $1^2{}_3$: 1.)
2. „ deutlich epinastisch. Stärkste Entwickelung oben, ein wenig nach
  links; schwächste Entwickelung unten, ein wenig nach rechts. (Verh.
  etwa $1^3/_4$: 1.)
3. „ deutlich hyponastisch. Stärkste Entwickelung links-unten: schwächste
  Entwickelung oben, ein wenig nach rechts. (Verh. etwa $1^3/_4$: 1.)
4. „ schwächer hyponastisch, als der vorige. Stärkste Entwickelung nahezu
  unten; schwächste Entwickelung nahezu oben. (Verh. etwa $1^1{}_3$: 1.)
5. stark hyponastisch. Stärkste Entwickelung unten. ein wenig nach links;
  schwächste Entwickelung nahezu oben. (Verh. etwa 3 : 1.)
6. „ stark hyponastisch. Stärkste Entwickelung unten. ein wenig nach
  links; schwächste Entwickelung links-oben (hier war der Jahresring an zwei
  Stellen nahezu unterdrückt).

3. Querschnitt durch einen 7-jährigen, nahezu horizontalen Zweig.
Gesammtumrifs unregelmäfsig-kreisrund.

1. Jahresring allseitig annähernd gleichmäfsig.
2. „ allseitig annähernd gleichmäfsig.
3. „ sehr schwach hyponastisch. Stärkste Entwickelung unten; schwächste Entwickelung rechts, ein wenig nach oben. (Verh. etwa $1^1/_2$: 1.)
4. „ sehr schwach hyponastisch. Stärkste Entwickelung unten; ein wenig nach rechts; schwächste Entwickelung rechts. (Verh. etwa $1^1/_2$: 1.)
5. „ obere und untere Hälfte nahezu gleich stark entwickelt. Stärkste Entwickelung rechts-oben; schwächste Entwickelung links, ein wenig nach oben. (Verh. etwa $1^1/_3$: 1.)
6. „ sehr schwach hyponastisch. Stärkste Entwickelung unten; schwächste Entwickelung links, ein wenig nach oben. (Verh. etwa $1^1/_3$: 1.)
7. „ sehr schwach hyponastisch. Stärkste Entwickelung rechts-unten und unten; schwächste Entwickelung rechts-oben. (Verh. etwa $1^1/_2$: 1.)

4. Querschnitt durch einen 7-jährigen, nahezu horizontalen Zweig.
Gesammtumrifs nahezu kreisrund.

1. Jahresring schwach epinastisch. Stärkste Entwickelung oben bis links-oben schwächste Entwickelung unten bis rechts-unten. (Verh. etwa $1^1/_2$: 1.)
2. „ sehr schwach epinastisch. Stärkste Entwickelung links-oben; schwächste Entwickelung rechts-unten. (Verh. etwa $1^1/_4$: 1.) Genau oben und unten war der Jahresring von gleicher Breite.
3. „ sehr schwach hyponastisch. Stärkste Entwickelung unten; schwächste Entwickelung rechts-oben. (Verh. etwa $1^1/_3$: 1.)
4. „ schwach hyponastisch. Stärkste Entwickelung unten, ein wenig nach rechts; schwächste Entwickelung oben. (Verh. etwa $1^3/_4$: 1.)
5. „ sehr schwach hyponastisch. Stärkste Entwickelung links - unten; schwächste Entwickelung oben. (Verh. etwa $1^1/_2$: 1.)
6. „ stark hyponastisch. Stärkste Entwickelung unten; schwächste Entwickelung links-oben. (Verh. etwa $2^1/_2$: 1.)
7. „ stark hyponastisch. Stärkste Entwickelung rechts - unten; schwächste Entwickelung links-oben (an zwei Stellen hier nahezu unterdrückt).

Magnolia acuminata L.

1. Querschnitt durch einen 9-jährigen, nahezu horizontalen Zweig.
Gesammtumrifs nur wenig von der Kreisform abweichend.

1. Jahresring schwach epinastisch. Stärkste Entwickelung rechts, ein wenig nach oben; schwächste Entwickelung links. (Verh. etwa $1^1/_2$: 1.) Genau oben und unten war der Jahresring nahezu gleichstark.

2. Jahresring deutlich epinastisch. Stärkste Entwickelung oben: schwächste Entwickelung unten, ein wenig nach rechts. Verh. etwa $2^1/_4 : 1$.

3. deutlich epinastisch. Stärkste Entwickelung oben, ein wenig nach links: schwächste Entwickelung rechts-unten. (Verh. etwa $2^1_4 : 1$)

4. schwach epinastisch. Stärkste Entwickelung oben, ein wenig nach link-; schwächste Entwickelung unten, ein wenig nach rechts. Verh. etwa $1^1_2 : 1.$)

5. „ schwach epinastisch. Stärkste Entwickelung oben; schwächste Entwickelung unten. (Verh. etwa $1^1_3 : 1.$)

6. „ stark epinastisch (. im Ganzen schwach entwickelt. Stärkste Entwickelung oben; schwächste Entwickelung links-unten. (Eine Verhältnif-zahl liefs sich kaum angeben, da der Jahresring links-unten nahezu unterdruckt war.)

7. „ im oberen und unteren Theile nahezu gleich stark; links-unten und demnächst rechts-oben am stärksten im Ganzen sehr schwach entwickelt).

8. „ deutlich epinastisch. Stärkste Entwickelung oben; schwächste Entwickelung links-unten. (Verh. etwa $2^1/_2 : 1$): im Ganzen sehr schwach.

9. „ deutlich epinastisch. Stärkste Entwickelung rechts-oben; schwächste Entwickelung links-unten. (Verh. etwa $2^1_2 : 1$): im Ganzen sehr schwach.

2. Querschnitt durch einen 10-jährigen, nahezu horizontalen Zweig.

Gesammtumrifs oval, nahezu kreisförmig. Gröfster Durchmesser nahezu vertical.

1. Jahresring im oberen und unteren Theile annähernd gleich stark. Stärkste Entwickelung links, ein wenig nach unten: schwächste Entwickelung rechts, ein wenig nach oben.

2. deutlich epinastisch. Stärkste Entwickelung oben. ein wenig nach links; schwächste Entwickelung unten, ein wenig nach links. (Verh. etwa $1^1_2 : 1.$)

3. „ deutlich epinastisch. Stärkste Entwickelung rechts-oben: schwächste Entwickelung links-unten. (Verh. etwa $2^1_2 : 1.$)

4. „ stark epinastisch. Stärkste Entwickelung oben, ein wenig nach rechts; schwächste Entwickelung unten. (Verh. etwa $3 : 1.$)

5. „ deutlich epinastisch. Stärkste Entwickelung oben. ein wenig nach links; schwächste Entwickelung unten. (Verh. etwa $2^1_2 : 1.$)

6. „ stark epinastisch. Stärkste Entwickelung rechts-oben: schwächste Entwickelung unten, ein wenig nach links. (Verh. etwa $5 : 1.$)

7. „ stark epinastisch. Stärkste Entwickelung oben, sehr wenig nach links; schwächste Entwickelung links-unten. (Verh. etwa $6 : 1.$)

8. „ stark epinastisch. Stärkste Entwickelung oben, ein wenig nach links; schwächste Entwickelung unten, ein wenig nach links. (Verh. etwa $3^1_2 : 1.$)

9. „ schwach epinastisch. Stärkste Entwickelung links-oben; schwächste Entwickelung unten. (Verh. etwa $1^1/_2 : 1.$)

10. „ schwach epinastisch. Stärkste Entwickelung links-oben: schwächste Entwickelung unten. (Verh. etwa $1^1_2 : 1.$)

Mahonia Aquifolium NUTT.

1. Querschnitt durch einen 3-jährigen, nahezu horizontalen Zweig.
   Gesammtumrifs nahezu kreisförmig.
   1. Jahresring sehr schwach hyponastisch. Stärkste Entwickelung unten, ein wenig nach rechts; schwächste Entwickelung oben. ein wenig nach rechts.
   2. im oberen und unteren Theile nahezu gleich stark entwickelt. Stärkste Entwickelung links-oben und links-unten; schwächste Entwickelung links.
   3. (möglicherweise aus 2 gesonderten Ringen zusammengesetzt) deutlich epinastisch. Stärkste Entwickelung oben; schwächste Entwickelung unten ein wenig nach links. (Verh. etwa 2 : 1.)

Pavia lutea POIR.

1. Querschnitt durch einen 4-jährigen, nahezu horizontalen Zweig.
   Gesammtumrifs nahezu kreisförmig, nicht ganz regelmäfsig.
   1. Jahresring sehr schwach hyponastisch. Stärkste Entwickelung unten und demnächst oben; schwächste Entwickelung rechts-oben. (Verh. etwa 1½ : 1.)
   2. „ sehr schwach hyponastisch. Stärkste Entwickelung links, ein wenig nach oben; schwächste Entwickelung rechts-oben. (Verh. etwa 1½ : 1.)
   3. sehr schwach hyponastisch. Stärkste Entwickelung links; schwächste Entwickelung rechts-oben. (Verh. etwa 1⅓ : 1.)
   4. schwach epinastisch. Stärkste Entwickelung oben; schwächste Entwickelung unten, ein wenig nach links. (Verh. etwa 1⅓ bis 1½ : 1.)

2. Querschnitt durch einen 7-jährigen, nahezu horizontalen Zweig.
   Gesammtumrifs unregelmäfsig breit-oval. Gröfster Durchmesser von links-unten nach rechts-oben gerichtet.
   1. Jahresring sehr schwach hyponastisch. Stärkste Entwickelung unten, ein wenig nach rechts, und demnächst links-unten und rechts-oben; schwächste Entwickelung links-oben und demnächst rechts. ein wenig nach unten.
   2. im oberen und unteren Theile gleich stark (vielleicht sehr wenig hyponastisch). Stärkste Entwickelung unten, ein wenig nach links, und oben, ein wenig nach rechts; schwächste Entwickelung links, ein wenig nach oben, und demnächst rechts, ein wenig nach unten. (Verh. etwa 1⅓ : 1.)
   3. annähernd wie der vorige; nur war er in allen Theilen schwächer, und das Verhältnifs der am stärksten und am schwächsten entwickelten Theile war etwas geringer (Verh. etwa 1¼ : 1.)

4. Jahresring deutlich epinastisch. Stärkste Entwickelung rechts-oben; schwächste Entwickelung rechts-unten, unten und links-unten. (Verh. etwa $1^2/_3$: 1.)

5. „ schwach epinastisch. Stärkste Entwickelung oben; schwächste Entwickelung rechts-unten. (Verh. etwa $1^1/_2$: 1.)

6. „ (möglicherweise 2 Jahresringe enthaltend) deutlich epinastisch. Stärkste Entwickelung oben; schwächste Entwickelung unten. (Verh. etwa $1^3/_4$: 1.)

7. „ schwach epinastisch. Stärkste Entwickelung oben, ein wenig nach rechts; schwächste Entwickelung unten. (Verh. etwa $1^1/_3$: 1.)

3. Querschnitt durch einen 11-jährigen. nahezu horizontalen Zweig.
Gesammtumrifs unregelmäfsig-oval. Gröfster Durchmesser nahezu horizontal. nur wenig nach links-oben und rechts-unten abweichend.

1. Jahresring sehr schwach hyponastisch. Stärkste Entwickelung unten, sehr wenig nach rechts; schwächste Entwickelung unten, ein wenig nach links und oben, ein wenig nach rechts. (Verh. etwa $1^1/_2$: 1.)

2. „ ein wenig stärker hyponastisch als der vorige. Stärkste Entwickelung unten; schwächste Entwickelung oben. (Verh. etwa $1^1/_3$: 1.)

3. „ obere und untere Hälfte annähernd gleich stark. Stärkste Entwickelung links und demnächst rechts; schwächste Entwickelung oben und unten. (Differenzen sehr gering.)

4. „ deutlich epinastisch. Stärkste Entwickelung oben, ein wenig nach rechts; schwächste Entwickelung rechts-unten. (Verh. etwa $1^3/_4$: 1.)

5. „ (sehr schmal!) schwach hyponastisch. Stärkste Entwickelung links: schwächste Entwickelung rechts-oben. (Verh. etwa 2 : 1.)

6. „ deutlich epinastisch. Stärkste Entwickelung oben und links-oben; schwächste Entwickelung rechts und rechts-unten. (Verh. etwa $2^1/_2$: 1.)

7. „ sehr stark epinastisch. Stärkste Entwickelung links-oben; schwächste Entwickelung rechts-unten, hier verschwindend klein.

8. „ stark epinastisch. Stärkste Entwickelung oben: schwächste Entwickelung rechts-unten. (Verh. etwa 3 bis 4 : 1.)

9. „ sehr schwach epinastisch. Stärkste Entwickelung links-oben: schwächste Entwickelung rechts und rechts-unten. (Verh. etwa 2 : 1.)

10. „ sehr stark epinastisch. Stärkste Entwickelung oben; schwächste Entwickelung rechts-unten. (Verh. etwa 10 : 1.)

11. „ sehr stark epinastisch. Stärkste Entwickelung oben; schwächste Entwickelung unten, ein wenig nach rechts. (Verh. etwa 8 : 1.)

4. Querschnitt durch einen 3-jährigen. nahezu horizontalen Zweig.

Gesammtumrifs ziemlich regelmäfsig-breit-oval. Gröfster Durchmesser von rechts-oben nach links-unten gerichtet.

1. Jahresring deutlich hyponastisch. Stärkste Entwickelung unten, sehr wenig nach links; schwächste Entwickelung rechts-oben. (Verh. etwa $1^3/_4 : 1$.)

2. „ sehr schwach epinastisch. Stärkste Entwickelung links-oben; schwächste Entwickelung links-unten und rechts-oben. (Verh. etwa $1^2._3 : 1$.)

3. „ sehr schwach hyponastisch. Stärkste Entwickelung unten und demnächst oben; schwächste Entwickelung links-oben und rechts-unten. (Breitenunterschiede sehr gering.)

5. Querschnitt durch einen 6-jährigen. nahezu horizontalen Zweig.

Gesammtumrifs ziemlich regelmäfsig-oval. Gröfster Durchmesser nahezu horizontal.

1. Jahresring sehr schwach hyponastisch. Stärkste Entwickelung unten, ein wenig nach rechts; schwächste Entwickelung links, ein wenig nach unten, und demnächst rechts, ein wenig nach oben. (Verh. etwa $1^1/_5 : 1$.)

2. „ sehr schwach epinastisch. Stärkste Entwickelung links-oben; schwächste Entwickelung unten. (Breitenunterschiede sehr gering.)

3. „ deutlich epinastisch. Stärkste Entwickelung oben; schwächste Entwickelung unten. (Verh. etwa $1^1/_3 : 1$.)

4. „ stark epinastisch. Stärkste Entwickelung oben, ein wenig nach rechts; schwächste Entwickelung unten. (Verh. etwa $3 : 1$.)

5. „ deutlich epinastisch. Stärkste Entwickelung rechts-oben; schwächste Entwickelung unten, ein wenig nach links. (Verh. etwa $2 : 1$.)

6. „ sehr schwach epinastisch. Stärkste Entwickelung links-oben; schwächste Entwickelung rechts-unten. (Verh. etwa $2 : 1$.)

6. Querschnitt durch einen 4-jährigen. nahezu horizontalen Zweig.

Gesammtumrifs unregelmäfsig-oval. Gröfster Durchmesser von links-oben nach rechts-unten gerichtet.

1. Jahresring sehr schwach hyponastisch. Stärkste Entwickelung links-oben und demnächst unten und links; schwächste Entwickelung rechts-oben und rechts. (Genau oben war der Jahresring um ein sehr Geringes schwächer als genau unten.)

2. „ deutlich epinastisch. Stärkste Entwickelung links-oben; schwächste Entwickelung unten, ein wenig nach rechts. (Verh. etwa $1^1/_2 : 1$.)

3. Jahresring etwas stärker epinastisch, als der vorige. Stärkste Entwickelung oben, ein wenig nach rechts; schwächste Entwickelung unten, ein wenig nach rechts. (Verh. etwa $2^1/_4$: 1.)

4. (vielleicht 2 getrennte Jahresringe enthaltend, deutlich epinastisch. Stärkste Entwickelung oben, ein wenig nach rechts; schwächste Entwickelung unten. (Verh. etwa $2^1/_2$: 1.)

7. Querschnitt durch einen 8-jährigen, nahezu horizontalen Zweig.

Gesammtumriss unregelmäfsig-oval. Gröfster Durchmesser von links-unten nach recht-- oben gerichtet, mehr der Horizontalen, als der Verticalen sich nähernd.

1. Jahresring sehr schwach hyponastisch. Stärkste Entwickelung links-unten; schwächste Entwickelung rechts, ein wenig nach unten. (Verh. etwa $1^1{}_3$: 1.)

2. sehr schwach hyponastisch. Stärkste Entwickelung links-unten; schwächste Entwickelung rechts-oben und rechts-unten. (Verh. etwa $1^1/_3$: 1.)

3. schwach epinastisch. Stärkste Entwickelung oben; schwächste Entwickelung rechts-unten. (Verh. etwa $1^1/_3$: 1.)

4. deutlich epinastisch. Stärkste Entwickelung links-oben; schwächste Entwickelung rechts-unten. (Verh. etwa $2^1/_2$: 1.)

5. deutlich epinastisch. Stärkste Entwickelung oben, ein wenig nach links; schwächste Entwickelung unten, ein wenig nach rechts. (Verh. etwa $1^2{}_3$: 1.)

6. „ deutlich epinastisch. Stärkste Entwickelung oben, ein wenig nach links; schwächste Entwickelung unten. (Verh. etwa 2 : 1.)

7. stark epinastisch. Stärkste Entwickelung oben; schwächste Entwickelung unten. (Verh. etwa 3 bis 4 : 1.)

8. stark epinastisch. Stärkste Entwickelung oben; schwächste Entwickelung unten. (Verh. etwa 4 : 1.)

Platanus acerifolia WILLD.

1. Querschnitt durch einen 4-jährigen, nahezu horizontalen Zweig.

Gesammtumrifs oval, nahezu kreisförmig. Gröfster Durchmesser von links-oben nach rechts-unten gerichtet.

1. Jahresring schwach epinastisch. Stärkste Entwickelung oben und demnächst links-unten; schwächste Entwickelung rechts. (Verh. etwa $1^1{}_2$: 1.)

2. ein wenig stärker epinastisch. Stärkste Entwickelung links-oben; schwächste Entwickelung rechts-unten. (Verh. etwa $1^3{}_4$: 1.)

3. deutlich epinastisch. Stärkste Entwickelung oben; schwächste Entwickelung unten. (Verh. etwa $1^3/_4$: 1.)

4. „ schwächer epinastisch. Stärkste Entwickelung links-oben; schwächste Entwickelung unten. (Verh. etwa $1^1{}_2$: 1.)

2. Querschnitt durch einen 4-jährigen, nahezu horizontalen Zweig.

Gesammtumrifs unregelmäfsig-länglich-oval. Gröfster Durchmesser von links-oben nach rechts-unten gerichtet.

1. Jahresring deutlich epinastisch. Stärkste Entwickelung links-oben; schwächste Entwickelung rechts-unten. (Verh. etwa $2^{1}/_{2}$: 1.)
2. „ deutlich epinastisch. Stärkste Entwickelung oben, ein wenig nach links; schwächste Entwickelung rechts-unten. (Verh. etwa $1^{3}/_{4}$: 1.)
3. deutlich epinastisch. Stärkste Entwickelung oben: schwächste Entwickelung rechts-unten. (Verh. etwa 2 : 1.)
4. deutlich epinastisch. Stärkste Entwickelung oben, ein wenig nach rechts; schwächste Entwickelung links-unten und rechts-unten. (Verh. etwa $1^{3}/_{4}$ bis 2 : 1.)

3. Querschnitt durch einen 5-jährigen, nahezu horizontalen Zweig.

Gesammtumrifs unregelmäfsig-oval. Gröfster Durchmesser von links-oben nach rechts-unten gerichtet.

1. Jahresring sehr schwach hyponastisch. Stärkste Entwickelung von rechts-oben durch rechts bis rechts-unten; schwächste Entwickelung links-oben. (Verh. etwa $1^{1}/_{2}$: 1.)
2. „ schwach epinastisch. Stärkste Entwickelung oben; schwächste Entwickelung von rechts-oben durch rechts bis rechts-unten. (Verh. etwa $1^{1}/_{3}$: 1.)
3. schwach epinastisch. Stärkste Entwickelung links-oben: schwächste Entwickelung unten. (Verh. etwa $1^{3}/_{4}$: 1.)
4. „ ziemlich stark epinastisch. Stärkste Entwickelung links-oben; schwächste Entwickelung rechts-unten. (Verh. etwa $4^{1}/_{2}$: 1.)
5. „ (besteht möglicherweise aus zwei gesonderten Ringen) schwächer epinastisch. Stärkste Entwickelung oben bis links-oben; schwächste Entwickelung rechts. (Verh. etwa $1^{1}/_{2}$: 1.)

Prunus Padus L.

Querschnitt durch einen 2-jährigen, nahezu horizontalen Zweig.

Gesammtumrifs nahezu kreisförmig.

1. Jahresring schwach epinastisch. Stärkste Entwickelung links-oben; schwächste Entwickelung rechts-unten. (Verh. etwa 2 : 1.)
2. „ stärker epinastisch. Stärkste Entwickelung oben, ein wenig nach rechts schwächste Entwickelung unten, ein wenig nach links, und rechts-unten. (Verh. etwa $2^{1}/_{2}$ bis 3 : 1.)

11

Ptelea trifoliata L.

1. Querschnitt durch einen 3-jährigen, nahezu horizontalen Zweig.

Gesammtumrifs nahezu kreisförmig.

1. Jahresring ziemlich stark hyponastisch, unten nahezu doppelt -o breit als oben. Stärkste Entwickelung unten und links-unten; schwächste Entwickelung links-oben.
2. „ sehr schwach epinastisch. Stärkste Entwickelung links, ein wenig nach oben; schwächste Entwickelung rechts, ein wenig nach unten.
3. „ stärker epinastisch. Stärkste Entwickeluug oben; schwächste Entwickelung unten.

2. Querschnitt durch einen 9-jährigen, nahezu horizontalen Zweig.

Gesammtumrifs oval, nahezu kreisförmig. Gröfster Durchmesser von links-oben nach rechts-unten gerichtet.

1. Jahresring schwach hyponastisch. Stärkste Entwickelung links-unten; schwächste Entwickelung oben.
2. „ oben und unten nahezu gleich-breit. Stärkste Entwickelung links; schwächste Entwickelung rechts.
3. „ sehr schwach epinastisch. Stärkste Entwickelung links, ein wenig nach oben; schwächste Entwickelung rechts.
4. „ deutlich epinastisch. Stärkste Entwickelung oben, ein wenig nach rechts; schwächste Entwickelung links-unten.
5. „ deutlich epinastisch. Stärkste Entwickelung oben, ein wenig nach rechts; schwächste Entwickelung unten.
6. „ schwach epinastisch. Stärkste Entwickelung oben, ein wenig nach rechts; schwächste Entwickelung unten.
7. „ schwach epinastisch. Stärkste Entwickelung oben; schwächste Entwickelung unten.
8. „ schwach epinastisch. Stärkste Entwickelung oben; schwächste Entwickelung unten.
9. „ schwach epinastisch. Stärkste Entwickelung rechts-oben; schwächste Entwickelung unten, ein wenig nach links.

3. Querschnitt durch einen 5-jährigen, nahezu horizontalen Zweig.

1. Jahresring schwach epinastisch. Stärkste Entwickelung oben, ein wenig nach rechts; schwächste Entwickelung links, ein wenig nach oben.

2. Jahresring schwach epinastisch. Stärkste Entwickelung links-oben; schwächste Entwickelung rechts-unten.

3. „ stärker epinastisch. Stärkste Entwickelung oben; schwächste Entwickelung links-unten. (Verh. etwa 2 : 1.)

4. „ deutlich epinastisch. Stärkste Entwickelung rechts-oben; schwächste Entwickelung unten. (Verh. etwa 2 : 1.)

5. „ schwach epinastisch. Stärkste Entwickelung rechts-oben; oben, links und unten annähernd gleich stark. (Verh. etwa $1\frac{1}{2}$: 1.)

Rhododendron ponticum L.

1. Querschnitt durch einen wahrscheinlich 13-jährigen, nahezu horizontalen Zweig.

Gesammtumrifs unregelmäfsig-breit-oval. Gröfster Durchmesser nahezu horizontal.

Alle Jahresringe mit Ausnahme des vorletzten, welcher nach rechts oben am stärksten entwickelt war, zeigten starke Hyponastie.

Getäfse im unteren Theile durchschnittlich deutlich gröfser als im oberen.

2. Querschnitt durch einen 8-jährigen, nahezu horizontalen Zweig.

Gesammtumrifs oval. Gröfster Durchmesser von rechts-oben nach links-unten gerichtet.

Der untere Theil des Holzkörpers war dem oberen gegenüber erheblich im Wachsthum gefördert. Die meisten Jahresringe waren sehr deutlich hyponastisch, der zweite Jahresring dagegen war nach rechts-oben am stärksten entwickelt.

An den letzten Jahresringen war die Abgrenzung nicht deutlich genug, um mit Sicherheit über ihre Hyponastie entscheiden zu können.

Robinia Pseud-Acacia L.

1. Querschnitt durch einen 4-jährigen, nahezu horizontalen Zweig.

Gesammtumrifs oval. Gröfster Durchmesser genau vertical.

1. Jahresring sehr schwach epinastisch.

2. „ stark epinastisch.

3. „ stark epinastisch.

4. „ etwas weniger stark epinastisch.

2. Querschnitt durch einen 2-jährigen, nahezu horizontalen Zweig.

Gesammtumrifs unregelmäfsig-oval. Gröfster Durchmesser schief von links-oben nach rechts-unten gerichtet.

1. Jahresring schwach hyponastisch. Stärkste Entwickelung rechts-unten bis rechts.
2. „ stark epinastisch. Stärkste Entwickelung links-oben.

3. Querschnitt durch einen 2-jährigen, nahezu horizontalen Zweig.

Gesammtumrifs unregelmäfsig oval. Gröfster Durchmesser nahezu vertical.

1. Jahresring schwach hyponastisch, beiderseits ziemlich gleichmäfsig entwickelt.
2. „ deutlich epinastisch. Stärkste Entwickelung links-oben; schwächste Entwickelung rechts-unten.

4. Querschnitt durch einen 4-jährigen, nahezu horizontalen Zweig.

Gesammtumrifs unregelmäfsig oval. Gröfster Durchmesser nahezu horizontal.

1. Jahresring ziemlich stark hyponastisch, beiderseits nahezu gleichmäfsig entwickelt.
2. „ im oberen und unteren Theile nahezu gleich-stark. Stärkste Entwickelung links-oben; schwächste Entwickelung rechts-unten.
3. „ im oberen und unteren Theile nahezu gleich-stark. Die rechte Seite stärker als die linke.
4. schwach epinastisch. Stärkste Entwickelung links-oben. Die linke Seite im Ganzen etwas stärker, als die rechte.

5. 1-jähriger, unverzweigter, an der Basis ein wenig aufsteigender, zum gröfseren Theile nahezu horizontaler Zweig.

Nach dem Verlaufe der Stengelkanten zu urtheilen, war keine irgend erhebliche Achsendrehung an den Internodien eingetreten.

Es wurden zahlreiche Internodien untersucht. Auf mehr als ⅔ der Länge, vom Grunde des Zweiges an, zeigte sich der Holzkörper deutlich hyponastisch. Weiter nach oben hin war an mehreren Internodien die Oberseite der Unterseite nahezu gleich entwickelt. Die letzten Internodien waren wieder hyponastisch.

6. 1-jähriger, unverzweigter, an der Basis schwach ansteigender, im Uebrigen nahezu horizontaler Zweig.

Nach dem Verlaufe der Stengelkanten zu urtheilen, war keine erhebliche Achsendrehung der Internodien eingetreten.

Im basalen Theile waren Ober- und Unterseite des Holzkörpers nahezu gleich.
Das nächste Internodium war schwach hyponastisch.

„ „ „ „ epinastisch (rechts-oben am stärksten).

„ „ „ „ schwach epinastisch (beiderseits gleich).

„ „ „ oben und unten ziemlich gleich.

„ „ „ schwach epinastisch.

„ „ „ schwach hyponastisch (rechts stärker, als links).

„ „ „ schwach epinastisch.

„ „ „ „ schwach epinastisch.

„ letzte „ „ schwach hyponastisch.

7. Querschnitt durch einen 1-jährigen. nahezu horizontalen Zweig.
Gesammtumrifs oval. Gröfster Durchmesser nahezu vertical.

1. Jahresring deutlich hyponastisch. Stärkste Entwickelung rechts-unten; schwächste Entwickelung links-oben.

2. deutlich epinastisch. Stärkste Entwickelung oben; schwächste Entwickelung unten, ein wenig nach rechts.

8. Querschnitt durch einen 7-jährigen, nahezu horizontalen Zweig.
Gesammtumrifs unregelmäfsig-breit-oval. Gröfster Durchmesser von links-unten nach rechts-oben gerichtet, mehr der Horizontalen, als der Verticalen sich nähernd.

1. Jahresring sehr schwach hyponastisch, beiderseits annähernd gleich breit.

2. „ schwach epinastisch, links breiter als rechts (links-oben am breitesten).

3. „ schwach- und unregelmäfsig-epinastisch. Stärkste Entwickelung rechts-oben; schwächste Entwickelung links-oben.

4. „ oben, unten und links annähernd gleich breit; rechts-oben am breitesten, rechts am schmalsten.

5. schwach epinastisch, beiderseits annähernd gleich-breit.

6. „ deutlich epinastisch, beiderseits annähernd gleich-breit.

7. „ sehr schwach epinastisch. Stärkste Entwickelung rechts bis rechts-unten; schwächste Entwickelung links.

Salix nigricans SM.

1. Querschnitt durch einen 2-jährigen. nahezu horizontalen Zweig.
Gesammtumrifs nahezu kreisrund.

1. Jahresring im oberen und unteren Theile nahezu gleich. Stärkste Entwickelung oben und unten; schwächste Entwickelung rechts und links.

2. „ deutlich epinastisch. Stärkste Entwickelung oben; schwachste Entwickelung unten. (Verh. etwa $2^1{}_2$: 1.)

**2. Querschnitt durch einen 6-jährigen, nahezu horizontalen Zweig, etwa 1,60 m
über dem Boden aus dem Stamme entspringend.**

Gesammtumrifs ziemlich regelmäfsig-oval. Gröfster Durchmesser von links-oben nach
rechts-unten gerichtet, der Verticalen sich nähernd.

1. Jahresring schwach hyponastisch. Stärkste Entwickelung unten und rechts;
schwächste Entwickelung links-oben. (Verh. etwa $1^1{}_3$: 1.)

2. „ stark epinastisch. Stärkste Entwickelung oben, ein wenig nach links;
schwächste Entwickelung rechts-unten. (Verh. etwa $2^1{}_2$: 1.)

3. „ noch stärker epinastisch. Stärkste Entwickelung oben; schwächste
Entwickelung unten, ein wenig nach rechts. (Verh. etwa 4 : 1.)

4. „ sehr stark epinastisch. Stärkste Entwickelung oben, ein wenig nach
links; schwächste Entwickelung rechts-unten. (Verh. etwa 5 : 1.)

5. „ minder stark epinastisch. Stärkste Entwickelung oben; schwächste
Entwickelung rechts-unten. (Verh. etwa $2^1{}_2$ bis 3 : 1.)

6. „ schwach epinastisch. Stärkste Entwickelung links-oben und demnächst
rechts-oben; schwächste Entwickelung links-unten. (Verh. etwa 2 : 1.)

3. Querschnitt durch einen 4-jährigen, nahezu horizontalen Zweig.

Gesammtumrifs nahezu kreisförmig.

1. Jahresring schwach epinastisch. Stärkste Entwickelung oben bis links; schwächste
Entwickelung unten bis rechts. (Verh. etwa $1^1{}_3$: 1.)

2. „ stark epinastisch. Stärkste Entwickelung oben bis rechts-oben; schwächste
Entwickelung unten. (Verh. etwa $2^1{}_2$: 1.)

3. „ ein wenig schwächer epinastisch, als der vorige. Stärkste Entwickelung oben; schwächste Entwickelung unten. (Verh. etwa $2^1{}_1$: 1.)

4. „ stark epinastisch. Stärkste Entwickelung oben, ein wenig nach links;
schwächste Entwickelung unten. (Verh. etwa $3^1{}_2$: 1.)

4. Querschnitt durch einen 5-jährigen, nahezu horizontalen Zweig.

Gesammtumrifs ziemlich regelmäfsig-oval. Gröfster Durchmesser von links-oben nach
rechts-unten gerichtet, der Horizontalen sich mehr nähernd, als der Verticalen.

1. Jahresring sehr schwach hyponastisch. Stärkste Entwickelung links-oben bis links und demnächst rechts; schwächste Entwickelung oben, ein wenig nach rechts.
2. „ stark epinastisch. Stärkste Entwickelung links-oben; schwächste Entwickelung unten, ein wenig nach rechts. (Verh. etwa $2^3/_4 : 1$.)
3. stark epinastisch. Stärkste Entwickelung oben; schwächste Entwickelung rechts-unten. (Verh. etwa 3 : 1.)
4. stark epinastisch. Stärkste Entwickelung oben, ein wenig nach links; schwächste Entwickelung unten. (Verh. etwa $3^1/_2 : 1$.)
5. stark epinastisch. Stärkste Entwickelung links-oben; schwächste Entwickelung unten. ein wenig nach links. (Verh. etwa 3 : 1.)

5. Querschnitt durch einen 7-jährigen, nahezu horizontalen Zweig. nur 38 cm über dem Boden aus dem Stamme entspringend.

Gesammtumrifs oval, nicht ganz regelmäfsig. Mark fast genau in der Mitte liegend. Gröfster Durchmesser nahezu vertical.

1. Jahresring schwach epinastisch. Stärkste Entwickelung links-oben; schwächste Entwickelung links-unten. (Verh. etwa $1^1/_3 : 1$.)
2. „ schwach epinastisch. Stärkste Entwickelung links-oben; schwächste Entwickelung links-unten. (Verh. etwa $1^1/_3$ bis $1^1/_2 : 1$.)
3. schwach epinastisch. Stärkste Entwickelung links-oben; schwächste Entwickelung rechts-unten. (Verh. etwa $1^1/_3 : 1$.)
4. schwach hyponastisch. Stärkste Entwickelung unten: schwächste Entwickelung rechts bis rechts-oben. (Verh. etwa $1^1/_3 : 1$.)
5. schwach hyponastisch. Stärkste Entwickelung unten, ein wenig nach rechts; schwächste Entwickelung rechts. (Verh. etwa $1^1/_3 : 1$.)
6. sehr schwach hyponastisch. Stärkste Entwickelung unten; schwächste Entwickelung links, ein wenig nach oben. (Verh. etwa $1^1/_4 : 1$.) Breiten-unterschiede überall sehr gering.
7. fast überall annähernd gleichbreit, nur rechts-unten etwas schwächer entwickelt.

6. Querschnitt durch einen 7-jährigen, nahezu horizontalen Zweig. nur 39 cm über dem Boden aus dem Stamme entspringend.

Gesammtumrifs unregelmäfsig-oval. Gröfster Durchmesser von links-unten nach rechts-oben gerichtet.

1. Jahresring im oberen und unteren Theile nahezu gleich. Stärkste Entwickelung rechts-oben; schwächste Entwickelung links. (Verh. etwa $1^1/_3$ bis $1^1/_2 : 1$.)
2. „ deutlich epinastisch. Stärkste Entwickelung rechts-oben; schwächste Entwickelung links-unten. (Verh. etwa 2 : 1.)

3. Jahresring deutlich epinastisch. Stärkste Entwickelung oben, ein wenig nach rechts; schwächste Entwickelung unten. (Verh. etwa 1³⁄₄ : 1.)

4. „ deutlich epinastisch. Stärkste Entwickelung oben, ein wenig nach rechts; schwächste Entwickelung links-unten. (Verh. etwa 1¹⁄₂ : 1.

5. stark epinastisch. Stärkste Entwickelung oben, ein wenig nach rechts; schwächste Entwickelung unten. (Verh. etwa 2¹⁄₂ : 1.)

6. „ schwächer epinastisch. Stärkste Entwickelung oben; schwächste Entwickelung rechts-unten. (Verh. etwa 1¹⁄₂ : 1.)

7. „ schwach epinastisch. Stärkste Entwickelung nahezu oben; schwächste Entwickelung rechts-unten. (Verh. etwa 1¹⁄₂ : 1.)

Sambucus nigra L.

1. Querschnitt durch einen 1-jährigen, nahezu horizontalen Zweig.

Gesammtumrifs kreisförmig.

Holzkörper nach allen Seiten nahezu gleichmäfsig entwickelt.

2. Querschnitt durch einen 1-jährigen, nahezu horizontalen Zweig.

Gesammtumrifs kreisförmig.

Holzkörper sehr schwach epinastisch. Schwächste Entwickelung nahezu unten.

3. Querschnitt durch einen 1-jährigen, nahezu horizontalen Zweig.

Gesammtumrifs oval, nahezu kreisförmig. Gröfster Durchmesser vertical.

Holzkörper schwach hyponastisch. Stärkste Entwickelung links-unten; schwächste Entwickelung oben.

4. Querschnitt durch einen 3-jährigen, nahezu horizontalen Zweig.

Gesammtumrifs oval, fast kreisförmig. Gröfster Durchmesser vertical.

1. Jahresring sehr schwach hyponastisch. Stärkste Entwickelung unten; schwächste Entwickelung oben.

2. „ sehr schwach epinastisch. Stärkste Entwickelung oben; schwächste Entwickelung rechts-unten.

3. sehr schwach hyponastisch, allseitig nahezu gleichmäfsig entwickelt. Stärkste Entwickelung unten; schwächste Entwickelung rechts-oben.

5. Querschnitt durch einen 2-jährigen, nahezu horizontalen Zweig.
Gesammtumriſs kreisförmig.

   1. Jahresring schwach hyponastisch. Stärkste Entwickelung unten; schwächste Entwickelung oben.

   2.   Oberer und unterer Theil gleich stark entwickelt. Stärkste Entwickelung rechts, ein wenig nach oben, und rechts-unten; schwächste Entwickelung links-oben.

B. Unterirdische Sproſsachsen.

Prunus serotina EHRH.

Zum Theil 2-, zum Theil 3-jähriges, 27.5 cm langes, unverzweigtes Rhizomstück, das in 5 — 8 cm Tiefe unter der Bodenoberfläche nahezu horizontal fortgewachsen war.

Das Mark zeigte streckenweise nahezu centrale Stellung; zum gröſseren Theile aber war die Stellung eine excentrische. Die stärkste Entwickelung war im letzteren Falle zum Theil nach aufwärts, zum Theil nach abwärts, zum Theil seitlich oder schief-seitlich gerichtet.

Die aufeinanderfolgenden Jahresringe eines Querschnittes waren meist nicht in derselben Richtung übereinstimmend am stärksten gefördert, sondern verhielten sich hierin zum Theil sogar entgegengesetzt.

Spiraea sorbifolia L.

1. Zwei 3-jährige, zwischen 15 und 20 cm lange Rhizomstücke, welche in einer Tiefe von 3 — 5 cm unterhalb der Oberfläche des Bodens nahezu horizontal fortgewachsen waren.

Das eine Rhizomstück zeigte sich vorwiegend (nicht ausschliefslich!) epinastisch, dabei aber häufig nach einer Seite oder schief-seitlich am stärksten gefördert. Die 3 Jahresringe waren nicht überall gleichsinnig, an einigen Stellen sogar genau entgegengesetzt entwickelt.

Das andere Rhizomstück, das mit einem oberirdischen Sprosse endete, war in seinem hinteren Theile vorwiegend hyponastisch, in seinem vorderen Theile vorwiegend epinastisch entwickelt, jedoch mit vielen Unregelmäfsigkeiten. Auch hier lag die Richtung stärkster Förderung gewöhnlich nicht genau vertical, sondern horizontal oder schief-seitlich.

2. 3-jähriges Rhizomstück, das in nahezu horizontaler Lage bei etwa 5 cm Tiefe dem Boden entnommen wurde.

Dasselbe zeigte sich vorwiegend epinastisch, an einzelnen Stellen auch hypei. stisch. Der Gesammtumrifs der Querschnitte war zum Theil breiter als hoch, zum Theil höher als breit, dabei meist sehr unregelmäfsig conturirt. In der Ausbildung der 3 Jahresringe zeigten sich grofse Verschiedenheiten und Unregelmäfsigkeiten.

3. Zwei mehrjährige Rhizomstücke, in nahezu horizontaler Stellung circa 5 cm unter der Boden-Oberfläche erwachsen.

Das eine derselben war fast ausschliefslich (zum Theile beträchtlich epinastisch, dabei aber häufig mit stark einseitig geförderter Entwickelung.

Das andere Rhizomstück war vorwiegend hyponastisch, streckenweise aber auch deutlich epinastisch.

An beiden zeigten der Gesammtumrifs und die Ausbildung der Jahresringe viele Regellosigkeiten.

C. Unterirdische Wurzeln.

Buxus sempervirens L.

1. Ziemlich genau horizontale Wurzel, wenige Zoll unterhalb der Bodenoberfläche befindlich, rechts von einer stärkeren, nahezu horizontalen Wurzel entspringend.

An der Basis war die vorliegende Wurzel etwa 3 mm dick, in der Mitte des untersuchten Stückes etwa 2 mm. In Entfernung von 1 cm von der Ursprungstelle trat eine nahezu 1 mm starke Nebenwurzel nach links-oben hervor. Im Uebrigen waren die Nebenwurzeln sehr sparsam und sehr zart.

1. Nahe der Ursprungstelle.
   Stärkste Entwickelung des Holzkörpers rechts-oben. Jahresringe nicht bemerkbar.
2. In Entfernung von 1 cm von der Ursprungstelle.
   Entwickelung des Holzkörpers ziemlich gleichmäfsig nach allen Richtungen.
3. In Entfernung von 2 cm von der Ursprungstelle.
   Stärkste Entwickelung des Holzkörpers rechts-unten.
4. In Entfernung von 3 cm von der Ursprungstelle.
   Holzkörper nach links-oben um ein Geringes stärker entwickelt, als nach den anderen Richtungen.
5. In Entfernung von 4 cm von der Ursprungstelle.
   Holzkörper nach oben am stärksten entwickelt.

6. In Entfernung von 5 cm von der Ursprungstelle.
Holzkörper nach oben ein wenig stärker entwickelt, als nach den anderen Richtungen.

7. In Entfernung von 6 cm von der Ursprungstelle.
Holzkörper nach rechts am stärksten entwickelt.

8. In Entfernung von 7 cm von der Ursprungstelle.
Holzkörper nach unten um ein sehr Geringes stärker entwickelt, als nach den anderen Richtungen.

9. In Entfernung von 8 cm von der Ursprungstelle.
Holzkörper nach rechts am stärksten entwickelt.

10. In Entfernung von 9 cm von der Ursprungstelle.
Holzkörper nach oben um ein sehr Geringes stärker entwickelt, als nach den anderen Richtungen.

11. In Entfernung von 10 cm von der Ursprungstelle.
Holzkörper allseitig gleichmäfsig entwickelt.

12. In Entfernung von 11 cm von der Ursprungstelle.
Holzkörper nach links-oben um ein sehr Geringes stärker entwickelt, als nach den anderen Richtungen.

13. In Entfernung von 12 cm von der Ursprungstelle.
Holzkörper nach rechts-oben um ein sehr Geringes stärker entwickelt, als nach den anderen Richtungen.

14. In Entfernung von 13 cm von der Ursprungstelle.
Holzkörper nach rechts-unten am stärksten entwickelt.

15. In Entfernung von 14 cm von der Ursprungstelle.
Holzkörper nach oben um ein sehr Geringes stärker entwickelt, als nach den anderen Richtungen.

16. In Entfernung von 15 cm von der Ursprungstelle.
Holzkörper nach rechts (ein wenig nach oben zu) am stärksten entwickelt (mehr als doppelt so stark, als nach links-unten).

17. In Entfernung von 16 cm von der Ursprungstelle.
Holzkörper nach links-oben am stärksten entwickelt.

18. In Entfernung von 17 cm von der Ursprungstelle.
Holzkörper nach links-unten am stärksten entwickelt.

19. In Entfernung von 18 cm von der Ursprungstelle.
Holzkörper genau unten am stärksten entwickelt.

20. In Entfernung von 19 cm von der Ursprungstelle.
Holzkörper nach rechts-oben am stärksten entwickelt (nahezu dreimal so stark, als nach der entgegengesetzten Seite).

21. In Entfernung von 20 cm von der Ursprungstelle.
Holzkörper nach links-oben am stärksten entwickelt.

22. In Entfernung von 21 cm von der Ursprungstelle.
Holzkörper von unten bis links am stärksten entwickelt.

2. Nahezu horizontale, wenige Zoll unter der Bodenoberfläche befindliche Seitenwurzel, von einer dickeren horizontalen Wurzel an deren linker Seite entspringend.

Das untersuchte Wurzelstück war in seinem basalen Theile $3^1{}_2 - 4$ mm, im apicalen Theile $2 - 2^1{}_2$ mm dick.

Bei 16 mm Entfernung von der Ursprungstelle an der Mutterwurzel entsprang aus ihr eine sehr zarte Nebenwurzel nach links-oben;

,, $19^1{}_2$,, eine sehr zarte Nebenwurzel nach rechts-oben;

,, $22^1{}_2$,, eine sehr zarte Nebenwurzel nach rechts-unten;

,, $37^1{}_2$,, eine etwas stärkere Nebenwurzel nach links (ein wenig nach unten ,

,, 38 ,, eine schwache Nebenwurzel nach rechts;

,, $39^1{}_2$,, eine sehr zarte Nebenwurzel nach oben (ein wenig nach rechts ;

,, 50 ,, eine sehr zarte Nebenwurzel nach unten;

,, 51 ,, eine ziemlich zarte Nebenwurzel nach links (ein wenig nach oben , und eine sehr wenig stärkere nach rechts-unten;

,, 60 ,, eine zarte Nebenwurzel nach oben;

,, 71 ,, eine zarte Nebenwurzel nach rechts-unten:

,, 72 ,, eine zarte Nebenwurzel nach rechts (ein wenig nach oben), und eine andere zarte Nebenwurzel nach rechts-unten;

,, 73 ,, eine zarte Nebenwurzel nach oben (ein wenig nach rechts), und eine desgl. nach rechts-oben;

,, 93 ,, eine sehr zarte Nebenwurzel nach oben (ein wenig nach links);

,, 99 ,, eine desgl. nach links-unten;

,, 107 ,, eine desgl. nach unten (ein wenig nach rechts ;

,, 115 ,, eine desgl. nach unten (ein wenig nach links);

,, 122 ,, eine desgl. nach rechts-oben;

,, 123 ,, eine desgl. nach rechts (ein wenig nach oben);

,, 127 ,, eine desgl. nach rechts-unten:

,, 132 ,, eine desgl. nach unten (ein wenig nach links ;

,, 139 ,, eine desgl. nach oben.

1. An der Ursprungstelle.
Holzkörper links, sehr wenig nach oben, am stärksten entwickelt.

2. In Entfernung von 1 cm von der Ursprungstelle.
Holzkörper links-oben am stärksten entwickelt.

3. In Entfernung von 2 cm von der Ursprungstelle.
Holzkörper links-oben am stärksten entwickelt.

4. In Entfernung von 3 cm von der Ursprungstelle.
Holzkörper links-oben am stärksten entwickelt.

5. In Entfernung von 4 cm von der Ursprungstelle.
Holzkörper links-oben am stärksten entwickelt.

6. In Entfernung von 5 cm von der Ursprungstelle.
Holzkörper links-oben am stärksten entwickelt.

7. In Entfernung von 6 cm von der Ursprungstelle.
Holzkörper links, ein wenig nach oben, am stärksten entwickelt.
8. In Entfernung von 7 cm von der Ursprungstelle.
Holzkörper links-oben am stärksten entwickelt.
9. In Entfernung von 8 cm von der Ursprungstelle.
Holzkörper links-oben am stärksten entwickelt.
10. In Entfernung von 9 cm von der Ursprungstelle.
Holzkörper links-oben am stärksten entwickelt.
11. In Entfernung von 10 cm von der Ursprungstelle.
Holzkörper links-oben am stärksten entwickelt.
12. In Entfernung von 11 cm von der Ursprungstelle.
Holzkörper links am stärksten entwickelt.
13. In Entfernung von 12 cm von der Ursprungstelle.
Holzkörper links am stärksten entwickelt.
14. In Entfernung von 13 cm von der Ursprungstelle.
Holzkörper links (ein wenig nach oben) am stärksten entwickelt.
15. In Entfernung von 14 cm von der Ursprungstelle.
Holzkörper links-unten am stärksten entwickelt.

Wie sich aus dem Vorstehenden ergibt, hatte die Richtung, in welcher die Seitenwurzeln entsprangen, keinen bemerkenswerthen Einfluss auf das Dickenwachsthum des Holzkörpers ausgeübt.

3. Nahezu horizontale, aus einer Tiefe von wenigen Zollen unter dem Boden entnommene Seitenwurzel, von einer stärkeren, horizontalen Wurzel links, ein wenig nach unten, entspringend.

Das untersuchte Wurzelstück war nahe der Anheftungsstelle an der Mutterwurzel etwa 4 mm, weiter aufwärts 3 — 2 mm dick.

Bei 11 mm von der Ursprungstelle an der Mutterwurzel entsprang eine dünne Nebenwurzel nach rechts-unten;
„ 15 „ eine desgl. nach unten;
„ 17½ „ eine desgl. nach rechts-oben;
„ 45 „ eine desgl. nach links, ein wenig nach oben;
„ 57 „ eine desgl. nach rechts-oben;
„ 66½ „ eine desgl. nach rechts-unten (nahezu unten);
„ 71 „ eine desgl. nach links-oben;
„ 78 „ eine desgl. nach links-oben (nahezu oben);
„ 85 „ eine desgl. nach links-oben (nahezu links);
„ 94 eine desgl. nach links-unten;
„ 104 „ eine desgl. nach links, ein wenig nach oben, und eine sehr dünne nach oben;
„ 105 „ eine desgl. nach unten (ein wenig nach links);
„ 122 eine desgl. nach rechts-oben;

bei 139 mm eine desgl. nach rechts-unten;
„ 144 „ eine desgl. nach links;
„ 151 „ eine desgl. nach rechts, ein wenig nach oben;
„ 156 „ eine desgl. nach links-unten;
„ 157 „ eine desgl. nach unten;
„ 178 „ eine kräftige, an der Basis etwa 1,5 mm starke Nebenwurzel nach rechts-oben.

1. Nahe der Ursprungstelle.
Holzkörper links-oben am stärksten entwickelt.

2. In Entfernung von 1 cm von der Ursprungstelle.
Holzkörper links-unten, links und oben am stärksten entwickelt. Gesammtumrifs des Querschnittes unregelmäfsig.

3. In Entfernung von 2 cm von der Ursprungstelle.
Holzkörper oben, ein wenig nach links, am stärksten, rechts erheblich weniger, in allen anderen Richtungen um ein Geringes weniger entwickelt.

4. In Entfernung von 3 cm von der Ursprungstelle.
Holzkörper rechts-oben am stärksten entwickelt.

5. In Entfernung von 4 cm von der Ursprungstelle.
Holzkörper nach rechts am stärksten entwickelt (etwa 4 mal so stark, als nach der entgegengesetzten Richtung).

6. In Entfernung von 5 cm von der Ursprungstelle.
Holzkörper rechts, ein wenig nach unten, am stärksten entwickelt. Gesammtumrifs des Querschnittes breiter als hoch.

7. In Entfernung von 6 cm von der Ursprungstelle.
Holzkörper rechts-oben am stärksten entwickelt. Gesammtumrifs des Querschnittes unregelmäfsig.

8. In Entfernung von 7 cm von der Ursprungstelle.
Holzkörper links-unten am stärksten entwickelt.

9. In Entfernung von 8 cm von der Ursprungstelle.
Holzkörper unten wenig stärker entwickelt, als nach den anderen Richtungen.

10. In Entfernung von 9 cm von der Ursprungstelle.
Holzkörper unten und demnächst rechts am stärksten entwickelt, links am schwächsten. Gesammtumrifs des Querschnittes unregelmäfsig.

11. In Entfernung von 10 cm von der Ursprungstelle.
Holzkörper oben, ein wenig nach links, und demnächst unten am stärksten entwickelt. Gesammtumrifs des Querschnittes unregelmäfsig, schief seitlich zusammengedrückt.

12. In Entfernung von 11 cm von der Ursprungstelle.
Holzkörper oben am stärksten entwickelt. Gesammtumrifs des Querschnittes unregelmäfsig.

13. In Entfernung von 12 cm von der Ursprungstelle.
Holzkörper oben am stärksten entwickelt. Gesammtumrifs des Querschnittes unregelmäfsig.

14. **In Entfernung von 13 cm von der Ursprungstelle.**
Holzkörper oben, ein wenig nach links, und demnächst unten am stärksten entwickelt. Gesammtumrifs des Querschnittes ein wenig schief-seitlich zusammenge-drückt.

15. **In Entfernung von 14 cm von der Ursprungstelle.**
Holzkörper oben, ein wenig nach links, am stärksten entwickelt.

16. **In Entfernung von 15 cm von der Ursprungstelle.**
Holzkörper links-oben und rechts-oben und demnächst unten am stärksten, in den übrigen Richtungen weniger stark entwickelt. Gesammtumrifs des Querschnittes nahezu dreikantig.

17. **In Entfernung von 16 cm von der Ursprungstelle.**
Holzkörper links-oben am stärksten entwickelt. Gesammtumrifs des Querschnittes nahezu kreisförmig.

18. **In Entfernung von 17 cm von der Ursprungstelle.**
Holzkörper oben am stärksten entwickelt (nahezu dreimal so stark, als nach unten).

Rubus Idaeus L.

1. Nahezu horizontale Seitenwurzel, in lockerem, selten betretenen Boden etwa 5 cm unter der Oberfläche erwachsen.

Das untersuchte Stück war nahe der Ursprungstelle etwa 4 mm, am Ende wenig mehr als 2 mm dick. — Primärer Vasalkörper bis zur Entfernung von 13 cm von der Ursprungstelle diarch, weiterhin triarch. — Jahresringe undeutlich.

Bei 187 mm Entfernung von der Ursprungstelle entsprang eine sehr zarte Nebenwurzel
    nach links, ein wenig nach unten;
„ 196 „ eine sehr zarte Nebenwurzel nach unten, ein wenig nach rechts;
„ 203 „ eine desgl. nach oben, ein wenig nach rechts;
„ 238 „ eine stärkere (etwa 1 mm dicke) Nebenwurzel nach links-unten;
„ 296 „ eine zarte Nebenwurzel nach rechts-unten;
„ 303 „ eine wenig stärkere Nebenwurzel nach oben;
„ 316 „ eine zarte Nebenwurzel nach rechts-unten;
„ 318 „ eine desgl. nach oben, ein wenig nach rechts;
„ 327 „ eine desgl. nach links-unten, und eine wenig kräftigere Nebenwurzel nach oben, ein wenig nach links;
„ 337 „ eine nahezu 1 mm starke Nebenwurzel nach links;
„ 395 „ eine zarte Nebenwurzel nach links;
„ 401 „ zwei zarte Nebenwurzeln nach rechts, die eine ein wenig nach oben, die andere ein wenig nach unten;
„ 412 „ eine zarte Nebenwurzel nach unten, ein wenig nach rechts.

1. Nahe der Ursprungstelle.
Stärkste Entwickelung des Holzkörpers links, ein wenig nach oben. Gesammtumrifs ein wenig höher als breit.

2. In Entfernung von 1 cm von der Ursprungstelle.
Stärkste Entwickelung des Holzkörpers oben, ein wenig nach links, und demnächst unten, ein wenig nach links. Linke Seite stärker gefördert, als die rechte. Gesammtumrifs deutlich höher als breit.

3. In Entfernung von 2 cm von der Ursprungstelle.
Stärkste Entwickelung des Holzkörpers oben, ein sehr Geringes nach links, und links, ein wenig nach unten (aber nicht links-oben!): geringste Entwickelung rechts, ein wenig nach unten, etwa 2½mal geringer, als in der entgegengesetzten Richtung.

4. In Entfernung von 3 cm von der Ursprungstelle.
Stärkste Entwickelung des Holzkörpers oben, ein wenig nach rechts und demnächst links-unten. Gesammtumrifs schief seitlich zusammengedrückt.

5. In Entfernung von 4 cm von der Ursprungstelle.
Stärkste Entwickelung des Holzkörpers rechts-oben und links, ein wenig nach unten. Oberer Theil stärker gefördert, als der untere. Gesammtumrifs schief zusammengedrückt, breiter als hoch.

6. In Entfernung von 5 cm von der Ursprungstelle.
Stärkste Entwickelung des Holzkörpers links-unten und demnächst oben, ein wenig nach rechts. Oberer Theil stärker gefördert, als der untere. Gesammtumrifs schief zusammengedrückt, breiter als hoch.

7. In Entfernung von 6 cm von der Ursprungstelle.
Stärkste Entwickelung des Holzkörpers links, ein wenig nach unten, und rechts, ein wenig nach oben. Unterer Theil sehr wenig stärker gefördert, als der obere. Gesammtumrifs von oben nach unten zusammengedrückt.

8. In Entfernung von 7 cm von der Ursprungstelle.
Stärkste Entwickelung des Holzkörpers rechts-oben und links, ein wenig nach unten. Oberer Theil stärker gefördert, als der untere. Gesammtumrifs ein wenig schief-seitlich zusammengedrückt, breiter als hoch.

9. In Entfernung von 8 cm von der Ursprungstelle.
Stärkste Entwickelung des Holzkörpers rechts-oben und links, ein wenig nach unten. Oberer Theil stärker gefördert, als der untere. Gesammtumrifs ein wenig schief-seitlich zusammengedrückt, breiter als hoch.

10. In Entfernung von 9 cm von der Ursprungstelle.
Stärkste Entwickelung des Holzkörpers links und demnächst rechts. Oberer Theil etwas stärker entwickelt, als der untere. Gesammtumrifs quer-oval, breiter als hoch.

11. In Entfernung von 10 cm von der Ursprungstelle.
Stärkste Entwickelung des Holzkörpers rechts, ein wenig nach oben, und links, ein wenig nach unten. Oberer Theil deutlich stärker gefördert, als der untere. Gesammtumrifs quer-oval, breiter als hoch.

12. In Entfernung von 11 cm von der Ursprungstelle.
Stärkste Entwickelung des Holzkörpers links und demnächst rechts und oben (unten deutlich geringer). Gesammtumrifs ein wenig breiter als hoch.

13. In Entfernung von 12 cm von der Ursprungstelle.
Stärkste Entwickelung des Holzkörpers links-unten, rechts und oben (links-oben ein wenig geringer, unten und rechts-unten noch geringer).

14. In Entfernung von 13 cm von der Ursprungstelle.
Holzkörper links, links-oben, oben, rechts-oben und rechts ziemlich gleich stark, nach unten dagegen schwächer entwickelt. Gesammtumrifs ein wenig breiter als hoch.

15. In Entfernung von 14 cm von der Ursprungstelle.
Holzkörper oben und links-oben am stärksten, rechts-unten und links-unten am schwächsten entwickelt. Gesammtumrifs etwas breiter als hoch.
Primärer Vasalkörper von dieser Stelle ab triarch.

16. In Entfernung von 15 cm von der Ursprungstelle.
Stärkste Entwickelung des Holzkörpers oben, ein wenig nach links. Gesammtumrifs unregelmäfsig, gerundet-dreiseitig, ein wenig breiter als hoch.

17. In Entfernung von 16 cm von der Ursprungstelle.
Stärkste Entwickelung des Holzkörpers oben. Gesammtumrifs nahezu kreisförmig.

18. In Entfernung von 17 cm von der Ursprungstelle.
Stärkste Entwickelung des Holzkörpers links-oben. Gesammtumrifs gerundet-dreiseitig.

19. In Entfernung von 18 cm von der Ursprungstelle.
Stärkste Entwickelung des Holzkörpers links-oben und rechts. Gesammtumrifs gerundet-dreiseitig.

20. In Entfernung von 19 cm von der Ursprungstelle.
Stärkste Entwickelung des Holzkörpers links-oben und rechts. Gesammtumrifs gerundet-dreiseitig.

21. In Entfernung von 20 cm von der Ursprungstelle.
Stärkste Entwickelung des Holzkörpers links-oben. Gesammtumrifs gerundet-dreiseitig.

22. In Entfernung von 21 cm von der Ursprungstelle.
Primärer Vasalkörper ziemlich genau central. Gesammtumrifs ziemlich regelmäfsig-gerundet-dreiseitig.

23. In Entfernung von 22 cm von der Ursprungstelle.
Stärkste Entwickelung des Holzkörpers links-oben und rechts-oben. Gesammtumrifs gerundet-dreiseitig.

24. In Entfernung von 23 cm von der Ursprungstelle.
Stärkste Entwickelung des Holzkörpers links-oben und rechts-oben. Gesammtumrifs gerundet-dreiseitig.

25. In Entfernung von 24 cm von der Ursprungstelle.
Stärkste Entwickelung des Holzkörpers oben, ein wenig nach links, und rechts-oben. Gesammtumrifs gerundet-dreiseitig.

13

26. **In Entfernung von 25 cm von der Ursprungstelle.**
Stärkste Entwickelung des Holzkörpers rechts, ein wenig nach oben. Gesammt-umrifs gerundet-dreiseitig, breiter als hoch.

27. **In Entfernung von 26 cm von der Ursprungstelle.**
Primärer Vasalkörper nahezu central; oberer Theil des Holzkörpers dem unteren gegenüber ein wenig gefördert. Gesammtumrifs ziemlich regelmäfsig-gerundet-dreiseitig.

28. **In Entfernung von 27 cm von der Ursprungstelle.**
Primärer Vasalkörper nahezu central; Holzkörper nach rechts-oben um ein Geringes gefördert. Gesammtumrifs ziemlich regelmäfsig-gerundet-dreiseitig.

29. **In Entfernung von 28 cm von der Ursprungstelle.**
Primärer Vasalkörper central. Gesammtumrifs ziemlich regelmäfsig-gerundet-dreiseitig.

30. **In Entfernung von 29 cm von der Ursprungstelle.**
Primärer Vasalkörper nahezu central. Holzkörper im oberen Theile um ein Geringes stärker gefördert, als im unteren Theile. Gesammtumrifs gerundet-dreiseitig.

31. **In Entfernung von 30 cm von der Ursprungstelle.**
Holzkörper und Gesammtumrifs um ein sehr Geringes breiter als hoch. Oberer und unterer Theil nahezu gleichmäfsig entwickelt.

32. **In Entfernung von 31 cm von der Ursprungstelle.**
Primärer Vasalkörper nahezu central. Gesammtumrifs gerundet-dreiseitig.

33. **In Entfernung von 32 cm von der Ursprungstelle.**
Stärkste Entwickelung des Holzkörpers links-oben und rechts-oben. Gesammt-umrifs gerundet-dreiseitig.

34. **In Entfernung von 33 cm von der Ursprungstelle.**
Primärer Vasalkörper nahezu central. Gesammtumrifs gerundet-dreiseitig, um ein sehr Geringes breiter als hoch.

35. **In Entfernung von 34 cm von der Ursprungstelle.**
Primärer Vasalkörper nahezu central. Gesammtumrifs gerundet-dreiseitig, um ein sehr Geringes breiter als hoch.

36. **In Entfernung von 35 cm von der Ursprungstelle.**
Primärer Vasalkörper nahezu central. Gesammtumrifs gerundet-dreiseitig, um ein sehr Geringes breiter als hoch.

37. **In Entfernung von 36 cm von der Ursprungstelle.**
Stärkste Entwickelung des Holzkörpers links. Gesammtumrifs unregelmäfsig-gerundet-dreiseitig, ein wenig breiter als hoch.

38. **In Entfernung von 37 cm von der Ursprungstelle.**
Stärkste Entwickelung des Holzkörpers links und links-unten. Gesammtumrifs gerundet-dreiseitig, ein wenig höher als breit.

39. **In Entfernung von 38 cm von der Ursprungstelle.**
Primärer Vasalkörper ziemlich genau central. Gesammtumrifs gerundet-dreiseitig.

40. **In Entfernung von 39 cm von der Ursprungstelle.**
Stärkste Entwickelung des Holzkörpers links-oben, links und links-unten. Gesammtumrifs gerundet-dreiseitig.

41. In Entfernung von 40 cm von der Ursprungstelle.
Stärkste Entwickelung des Holzkörpers oben, links-oben und links. Gesammtumriß gerundet-dreiseitig.

42. In Entfernung von 41 cm von der Ursprungstelle.
Stärkste Entwickelung des Holzkörpers oben, links-oben und links. Gesammtumriß gerundet-dreiseitig.

Im Ganzen fiel in der gesammten Länge des untersuchten Wurzelstückes die stärkste Entwickelung von Bast und Rinde mit derjenigen des Holzkörpers der Richtung nach meist zusammen,
d. h. auch sie waren zwischen den primären Markstrahlen, welche in der Fortsetzung der Strahlen
des primären Vasalkörpers liegen, im Allgemeinen am breitesten, doch wurden im Einzelnen hiervon
zahlreiche Ausnahmen beobachtet.

2. Nahezu horizontale Seitenwurzel, dicht unterhalb der Oberfläche des Bodens
erwachsen.

Diese Wurzel war mit einer anderen, in spitzem Winkel nach links-unten von ihr abgehenden
aus der scheinbaren Gabelung einer stärkeren, horizontalen Wurzel hervorgegangen. Das untersuchte
Stück hatte nahe der Ursprungstelle etwa 2,5 mm, im oberen Theile etwa 2 mm im Durchmesser.

In Entfernung von 104 mm von der Ursprungstelle ging eine weniger als 0,5 mm starke,
büschelig verzweigte Nebenwurzel nach rechts-oben ab. Im Uebrigen waren auf der ganzen untersuchten Strecke nur noch wenige Ueberreste von schwachen Seitenwurzeln erkennbar.

Primärer Vasalkörper durchweg triarch. Jahresringe ließen sich im secundären Holze nicht
deutlich erkennen.

1. Nahe der Ursprungstelle.
Stärkste Entwickelung des Holzkörpers unten, ein wenig nach links. Linker Theil
ein wenig stärker entwickelt, als der rechte. Gesammtumriß oval, höher als breit.

2. In Entfernung von 1 cm von der Ursprungstelle.
Stärkste Entwickelung des Holzkörpers unten, ein wenig nach rechts. Rechter Theil
ein wenig stärker entwickelt, als der linke. Gesammtumriß höher als breit.

3. In Entfernung von 2 cm von der Ursprungstelle.
Stärkste Entwickelung des Holzkörpers unten, ein wenig nach rechts. Rechter Theil
ein wenig stärker entwickelt, als der linke. Gesammtumriß höher als breit, im unteren
Theile etwas breiter, als im oberen.

4. In Entfernung von 3 cm von der Ursprungstelle.
Stärkste Entwickelung des Holzkörpers links-unten. (In dieser Richtung war derselbe etwa doppelt so stark, als in der entgegengesetzten.) Gesammtumriß nahezu
kreisförmig, sehr wenig höher als breit.

5. In Entfernung von 4 cm von der Ursprungstelle.
Stärkste Entwickelung des Holzkörpers genau unten. (In dieser Richtung war derselbe mehr als doppelt so stark, als in der entgegengesetzten.) Gesammtumriß wenig
höher als breit.

13*

6. In Entfernung von 5 cm von der Ursprungstelle.
Stärkste Entwickelung des Holzkörpers unten, ein wenig nach links. Gesammtumrifs gerundet-dreiseitig, um ein Geringes höher als breit.

7. In Entfernung von 6 cm von der Ursprungstelle.
Stärkste Entwickelung des Holzkorpers unten, ein wenig nach rechts. Gesammtumrifs gerundet-dreiseitig, um ein Geringes breiter als hoch.

8. In Entfernung von 7 cm von der Ursprungstelle.
Stärkste Entwickelung des Holzkörpers links-unten. Gesammtumrifs nahezu kreisförmig, ein wenig breiter als hoch.

9. In Entfernung von 8 cm von der Ursprungstelle.
Stärkste Entwickelung des Holzkörpers links-unten. Gesammtumrifs ziemlich unregelmäfsig, um ein Geringes breiter als hoch.

10. In Entfernung von 9 cm von der Ursprungstelle.
Stärkste Entwickelung des Holzkörpers links-unten. Gesammtumrifs unregelmäfsig-gerundet-dreiseitig, um ein Geringes breiter als hoch.

11. In Entfernung von 10 cm von der Ursprungstelle.
Stärkste Entwickelung des Holzkörpers rechts-unten und links-unten. Gesammtumrifs unregelmäfsig-gerundet-dreiseitig.

12. In Entfernung von 11 cm von der Ursprungstelle.
Stärkste Entwickelung des Holzkörpers links-unten. Gesammtumrifs unregelmäfsig-gerundet-dreiseitig.

13. In Entfernung von 12 cm von der Ursprungstelle.
Stärkste Entwickelung des Holzkörpers rechts, ein wenig nach unten (nahezu dreimal so stark, als in entgegengesetzter Richtung). Gesammtumrifs unregelmäfsig, links-oben abgeplattet.

14. In Entfernung von 13 cm von der Ursprungstelle.
Stärkste Entwickelung des Holzkörpers links und demnächst rechts-unten. Gesammtumrifs breiter als hoch.

15. In Entfernung von 14 cm von der Ursprungstelle.
Stärkste Entwickelung des Holzkörpers rechts-unten und demnächst links. Gesammtumrifs um ein Geringes breiter als hoch.

16. In Entfernung von 15 cm von der Ursprungstelle.
Stärkste Entwickelung des Holzkörpers rechts-unten. Gesammtumrifs gerundet-dreiseitig.

17. In Entfernung von 16 cm von der Ursprungstelle.
Stärkste Entwickelung des Holzkörpers links-unten. Gesammtumrifs gerundet-dreiseitig.

18. In Entfernung von 17 cm von der Ursprungstelle.
Stärkste Entwickelung des Holzkörpers rechts, ein wenig nach oben, und demnächst links-unten. Gesammtumrifs unregelmäfsig-gerundet-dreiseitig.

19. In Entfernung von 18 cm von der Ursprungstelle.
Stärkste Entwickelung des Holzkörpers rechts-unten. Gesammtumrifs unregelmäfsig.

20. In Entfernung von 19 cm von der Ursprungstelle.
Holzkörper links, rechts-oben und rechts-unten etwas stärker entwickelt, als nach den anderen Richtungen. Primärer Vasal-Körper central. Gesammtumrifs ziemlich regelmäfsig-gerundet-dreiseitig.

21. In Entfernung von 20 cm von der Ursprungstelle.
Stärkste Entwickelung des Holzkörpers rechts-unten. Gesammtumrifs gerundet-dreiseitig.

22. In Entfernung von 21 cm von der Ursprungstelle.
Stärkste Entwickelung des Holzkörpers rechts-oben und demnächst rechts-unten. Gesammtumrifs gerundet-dreiseitig.

23. In Entfernung von 22 cm von der Ursprungstelle.
Holzkörper rechts-unten, links und rechts-oben ein wenig stärker entwickelt, als in den anderen Richtungen. Gesammtumrifs gerundet-dreiseitig.

24. In Entfernung von 23 cm von der Ursprungstelle.
Stärkste Entwickelung des Holzkörpers rechts-unten und demnächst links-unten. Gesammtumrifs gerundet-dreiseitig.

25. In Entfernung von 24 cm von der Ursprungstelle.
Stärkste Entwickelung des Holzkörpers oben, ein wenig nach rechts, und demnächst links-unten und rechts-unten. Gesammtumrifs gerundet-dreiseitig.

26. In Entfernung von 25 cm von der Ursprungstelle.
Stärkste Entwickelung des Holzkörpers rechts-unten und demnächst links-unten. Gesammtumrifs gerundet-dreiseitig.

27. In Entfernung von 26 cm von der Ursprungstelle.
Stärkste Entwickelung des Holzkörpers rechts-unten. Gesammtumrifs gerundet-dreiseitig.

Der gerundet-dreiseitige Umrifs der meisten Querschnitte steht mit dem triarchen Vasalkörper und den in der Fortsetzung seiner 3 Strahlen liegenden 3 primären Markstrahlen in engster Beziehung. Letztere endeten fast überall in der Mitte der Seiten des gerundeten Dreiecks.

Es war unverkennbar, dafs im Allgemeinen mit einer einseitig geförderten Ausbildung des Holzkörpers auch ein in derselben Richtung gesteigertes Dickenwachsthum der Rinde und des Bastes Hand in Hand ging. Diese Regel erlitt indefs im Einzelnen zahlreiche Ausnahmen.

Taxus baccata L.

Im basalen Theile 5-jährige, weiter oben 4-jährige, nahezu horizontal verlaufende Wurzel, in einer Tiefe von etwa 10 bis 15 cm dem Boden entnommen. Der Boden wurde an der betreffenden Stelle nicht häufig betreten.

Der centrale Vasalkörper war in dem untersuchten Wurzelstücke durchweg diarch.

Nebenwurzeln waren im basalen Theile sparsam. Es entsprang in Entfernung
von 59 mm von der Ursprungstelle eine sehr dünne Nebenwurzel nach oben, ein wenig nach links;
„ 74 „ eine desgl. nach unten;

von 75 mm eine etwas kräftigere Nebenwurzel nach links-oben;
„ 109 „ eine desgl. nach rechts-oben;
„ 140 „ eine dünne Nebenwurzel nach oben;
„ 155 „ eine desgl. nach oben;
„ 157 „ eine desgl. nach links-oben;
„ 199 „ eine desgl. nach links-oben;
„ 222 „ eine desgl. nach links-oben.

1. Nahe der Ursprungstelle.
Stärkste Entwickelung des Holzkörpers rechts-oben.
  1. Jahresring allseitig ziemlich gleichmäfsig.
  2.   „   allseitig ziemlich gleichmäfsig.
  3.   „   links-oben am stärksten entwickelt.
  4.   „   oben am stärksten entwickelt.
  5.   „   rechts-oben am stärksten entwickelt.

2. In Entfernung von 1 cm von der Ursprungstelle.
Stärkste Entwickelung des Holzkörpers links-unten.
  1. Jahresring oben, ein wenig nach rechts, und demnächst unten am stärksten entwickelt.
  2.   „   wie der vorige.
  3.   „   links-unten am stärksten entwickelt.
  4.   „   links-unten am stärksten entwickelt.
  5.   „   links, ein wenig nach oben, am stärksten entwickelt.

3. In Entfernung von 2 cm von der Ursprungstelle.
Stärkste Entwickelung des Holzkörpers genau oben. Gesammtumrifs des Wurzelquerschnittes oval, im oberen Theile breiter, als im unteren. Gröfster Durchmesser vertical.
Sämmtliche 5 Jahresringe waren oben am stärksten entwickelt.

4. In Entfernung von 3 cm von der Ursprungstelle.
Stärkste Entwickelung des Holzkörpers rechts-unten.
Erster und zweiter Jahresring ziemlich gleichmäfsig, alle übrigen rechts-unten am stärksten entwickelt.

5. In Entfernung von 4 cm von der Ursprungstelle.
Stärkste Entwickelung des Holzkörpers unten, ein wenig nach links.
  1. Jahresring allseitig ziemlich gleichmäfsig entwickelt.
  2.   „ ⎫
  3.   „ ⎬ links-unten am stärksten entwickelt.
  4.   „ ⎭
  5.   „   unten am stärksten entwickelt.

6. In Entfernung von 5 cm von der Ursprungstelle.
Stärkste Entwickelung des Holzkörpers links-unten.
  1. Jahresring allseitig ziemlich gleichmäfsig entwickelt.
  2.   „   links-unten am stärksten entwickelt.

3. Jahresring links-unten am stärksten entwickelt.

4. „ links-unten am stärksten entwickelt.

5. „ unten, ein wenig nach links, am stärksten entwickelt.

7. In Entfernung von 6 cm von der Ursprungstelle.

Stärkste Entwickelung des Holzkörpers rechts-unten. Gesammtumrifs oval; gröfster Durchmesser von links-oben nach rechts-unten gerichtet.

Mit Ausnahme des ersten, ziemlich gleichmäfsig entwickelten Jahresringes waren sämmtliche Jahresringe rechts-unten am stärksten entwickelt.

8. In Entfernung von 7 cm von der Ursprungstelle.

Stärkste Entwickelung des Holzkörpers rechts-oben. Gesammtumrifs ein wenig breiter als hoch.

1. Jahresring ziemlich gleichmäfsig entwickelt.

2. „ oben am stärksten entwickelt.

3. „ links-unten am stärksten entwickelt.

4. „ oben am stärksten entwickelt.

5. „ rechts, ein wenig nach oben, am stärksten entwickelt.

9. In Entfernung von 8 cm von der Ursprungstelle.

Stärkste Entwickelung des Holzkörpers links-oben. Gesammtumrifs nahezu kreisförmig.

Mit Ausnahme des ersten, ziemlich gleichmäfsig entwickelten Jahresringes waren alle übrigen nach links-oben im Dickenwachsthume gefördert.

10. In Entfernung von 9 cm von der Ursprungstelle.

Stärkste Entwickelung des Holzkörpers links.

1. Jahresring allseitig annähernd gleichmäfsig entwickelt.

2 „ links-unten am stärksten entwickelt.

3. „ links-unten am stärksten entwickelt.

4. „ links-oben am stärksten entwickelt.

5. „ links, ein wenig nach unten, am stärksten entwickelt.

11. In Entfernung von 10 cm von der Ursprungstelle.

Stärkste Entwickelung des Holzkörpers links, ein wenig nach unten.

1. Jahresring allseitig annähernd gleichmäfsig entwickelt.

2. „ links-unten am stärksten entwickelt.

3. „ unten am stärksten entwickelt.

4. „ links-unten (nahezu links) am stärksten entwickelt.

5. „ links-unten (nahezu links) am stärksten entwickelt.

12. In Entfernung von 11 cm von der Ursprungstelle.

Stärkste Entwickelung des Holzkörpers links-unten.

Mit Ausnahme des ersten ziemlich gleichmäfsig entwickelten Jahresringes waren alle übrigen nach links-unten am stärksten entwickelt.

13. In Entfernung von 12 cm von der Ursprungstelle.

Stärkste Entwickelung des Holzkörpers genau oben.

1. Jahresring allseitig ziemlich gleichmäfsig entwickelt.

2. „ oben am stärksten entwickelt.

3. Jahresring oben, ein wenig nach rechts, am stärksten entwickelt.

4. „ oben, ein wenig nach rechts, am stärksten entwickelt.

5. „ links-oben am stärksten entwickelt.

14. In Entfernung von 13 cm von der Ursprungstelle.
Holzkörper nach links-unten ein wenig stärker entwickelt; sonst annähernd allseitig gleichmäfsig. Von hier ab sind nur mehr 4 Jahresringe erkennbar.

1. Jahresring allseitig gleichmäfsig; die drei übrigen Jahresringe nach links-unten ein wenig stärker entwickelt, als nach den anderen Seiten.

15. In Entfernung von 14 cm von der Ursprungstelle.
Holzkörper oben und unten gleichmäfsig stark, nach den beiden darauf senk-rechten Richtungen ein wenig schwächer entwickelt (links ein wenig stärker als rechts). Gesammtumrifs oval; gröfster Durchmesser vertical.

1. Jahresring allseitig ziemlich gleichmäfsig.

2. „ ⎫

3. ⎬ oben, links und unten ein weniger stärker entwickelt als rechts.

4. „ ⎭

16. In Entfernung von 15 cm von der Ursprungstelle.
Stärkste Entwickelung des Holzkörpers rechts-unten. Sämmtliche Jahresringe gleich-sinnig nach rechts-unten im Wachsthum gefördert. Gesammtumrifs des Quer-schnittes oval. Gröfster Durchmesser von links-oben nach rechts-unten gerichtet.

17. In Entfernung von 16 cm von der Ursprungstelle.
Stärkste Entwickelung des Holzkörpers rechts-unten (— rechts, rechts-oben und oben nur wenig schwächer). Sämmtliche Jahresringe annähernd gleichsinnig.

18. In Entfernung von 17 cm von der Ursprungstelle.
Stärkste Entwickelung des Holzkörpers links-oben. Mit Ausnahme des allseitig ziemlich gleichmäfsig entwickelten ersten Jahresringes waren die Jahresringe nach links-oben überwiegend gefördert.

19. In Entfernung von 18 cm von der Ursprungstelle.
Stärkste Entwickelung des Holzkörpers links-oben. Sämmtliche Jahresringe waren nach dieser Richtung überwiegend gefördert. Gesammtumrifs des Querschnittes ein wenig breiter als hoch.

20. In Entfernung von 19 cm von der Ursprungstelle.
Stärkste Entwickelung des Holzkörpers rechts-oben. Die beiden ersten Jahresringe waren allseitig ziemlich gleichmäfsig, die beiden letzten rechts-oben über-wiegend gefördert. Gesammtumrifs des Querschnittes nahezu kreisförmig.

21. In Entfernung von 20 cm von der Ursprungstelle.
Stärkste Entwickelung des Holzkörpers rechts-unten. Die ersten 3 Jahresringe waren allseitig ziemlich gleichmäfsig, der letzte nach rechts-unten am stärksten entwickelt. Gesammtumrifs des Querschnittes nahezu kreisförmig.

22. In Entfernung von 21 cm von der Ursprungstelle.
Stärkste Entwickelung des Holzkörpers rechts-unten. Die beiden ersten Jahresringe waren allseitig ziemlich gleichmäfsig, die letzten nach rechts-unten sehr über-wiegend im Wachsthum gefördert. Gesammtumrifs des Querschnittes nahezu kreisförmig.

23. In Entfernung von 22 cm von der Ursprungstelle.

Stärkste Entwickelung des Holzkörpers rechts-unten. Der erste Jahresring war allseitig ziemlich gleichmäfsig entwickelt, die übrigen nach rechts-unten überwiegend gefördert. Gesammtumrifs des Querschnittes nahezu kreisförmig.

24. In Entfernung von 23 cm von der Ursprungstelle.

Stärkste Entwickelung des Holzkörpers rechts, ein wenig nach unten. Gesammtumrifs des Querschnittes nahezu kreisförmig.

    1. Jahresring allseitig ziemlich gleichmäfsig entwickelt.

    2.   ,,   nach links-unten um ein Geringes stärker entwickelt, als nach den anderen Richtungen.

    3.   ebenso.

    4.   ,,   nach rechts und rechts-unten erheblich stärker entwickelt, als nach den anderen Richtungen.

25. In Entfernung von 24 cm von der Ursprungstelle.

Holzkörper rechts-unten um ein sehr Geringes stärker entwickelt, als nach den anderen Richtungen. Gesammtumrifs des Querschnittes nahezu kreisförmig.

Der erste Jahresring war allseitig ziemlich gleichmäfsig, die folgenden Jahresringe nach rechts-unten um ein Geringes stärker entwickelt, als nach den anderen Richtungen.

Thuja occidentalis L.

1. Nahezu horizontale, nur sehr wenig schief absteigende Wurzel, in etwa 2,5 cm Tiefe unter der Bodenoberfläche an einer wenig betretenen Stelle des Berliner botanischen Gartens vom Stamme entspringend. An der Basis war das untersuchte Stück 7 mm, in der Mitte etwa 5 mm, am Ende (in Entfernung von 38 cm von der Ursprungstelle) etwa $3^3/_4$ mm dick.

Primärer Vasalkörper tetrarch.

Es entsprang aus der untersuchten Wurzel in Entfernung

von 19 mm von der Ursprungstelle eine sehr zarte Wurzel nach links-unten;

  ,, 33 ,, eine ziemlich zarte Nebenwurzel nach links-oben und eine kräftigere (an der Basis 2 mm starke) nach links-unten;

  ,, 40 ,, ,, zarte Nebenwurzel nach links-oben (nahezu oben);

  ,, 50 ,, ,, desgl. nach links-oben (nahezu oben);

  ,, 57 ,, ,, desgl. nach rechts-oben;

  ,, 70 ,, ,, desgl. nach links, ein wenig nach unten;

  ,, 108 ,, ,, wenig kräftigere Nebenwurzel nach rechts-oben;

  ,, 118 ,, desgl. nach links;

  ,, 125 ,, ,, desgl. nach links;

  ,, 135 ,, ,, zarte Nebenwurzel nach rechts, ein wenig nach oben;

14

von 164 mm eine desgl. nach links;

„ 176 „ „ wenig kräftigere Nebenwurzel nach unten, ein wenig nach links;
„ 181 „ „ kräftigere Nebenwurzel nach rechts-oben;
„ 197 „ „ zarte Nebenwurzel nach links;
„ 255 „ „ desgl. nach unten, ein wenig nach links;
„ 257 „ „ desgl. nach unten, ein wenig nach links;
„ 279 „ „ desgl. nach rechts, ein wenig nach oben;
„ 292 „ „ desgl. nach rechts:
„ 305 „ „ etwas kräftigere Nebenwurzel nach oben;
„ 325 „ „ zarte Nebenwurzel nach links;
„ 330 „ „ kräftigere (etwa 1 mm starke) Nebenwurzel nach unten, ein wenig nach links;
„ 341 „ „ zarte Nebenwurzel nach links;
„ 348 „ „ desgl. nach oben, ein wenig nach rechts;
„ 350 „ „ desgl. nach rechts;
„ 351 „ „ desgl. nach rechts.

1. Nahe der Ursprungstelle.

Stärkste Entwickelung des Holzkörpers rechts-oben. Gesammtumrifs um ein Geringes höher als breit.

1. Jahresring allseitig ziemlich gleichmäfsig entwickelt.
2. „ links-oben ein wenig stärker, als nach den anderen Richtungen entwickelt.
3. „ rechts-oben erheblich stärker. als nach den anderen Richtungen entwickelt.
4. „ nach allen Richtungen schwach. oben am stärksten entwickelt.

2. In Entfernung von 1 cm von der Ursprungstelle.

Holzkörper unten um ein sehr Geringes stärker, als in anderen Richtungen entwickelt. Gesammtumrifs nicht höher als breit.

1. Jahresring unten um ein Geringes stärker entwickelt, als in den anderen Richtungen.
2. „ ebenso.
3. „ ebenso.
4. „ oben um ein Geringes stärker entwickelt. als in den anderen Richtungen.

3. In Entfernung von 2 cm von der Ursprungstelle.

Holzkörper rechts-oben am stärksten entwickelt.

1. Jahresring rechts-oben am stärksten entwickelt.
2. „ ebenso.
3. „ ebenso.
4. „ links, oben und unten (nicht links-oben und links-unten!) am stärksten entwickelt.

4. In Entfernung von 3 cm von der Ursprungstelle.

Stärkste Entwickelung des Holzkörpers links-unten und demnächst rechts-oben. Gesammtumrifs ein wenig schief-seitlich zusammengedrückt.

   1. Jahresring rechts am stärksten entwickelt.

   2. „ ebenso.

   3. „ unten und links-unten am stärksten entwickelt.

   4. „ links-unten am stärksten entwickelt.

5. In Entfernung von 4 cm von der Ursprungstelle.

Stärkste Entwickelung des Holzkörpers oben, ein wenig nach links. Gesammtumrifs nahezu kreisförmig.

   1. Jahresring allseitig ziemlich gleichmäfsig entwickelt.

   2. „ rechts-unten am stärksten entwickelt.

   3. „ links-oben am stärksten entwickelt.

   4. „ oben am stärksten entwickelt.

6. In Entfernung von 5 cm von der Ursprungstelle.

Stärkste Entwickelung des Holzkörpers links-oben.

   1. Jahresring links, ein wenig nach unten, am stärksten entwickelt.

   2. „ ebenso.

   3. „ links-oben am stärksten entwickelt.

   4. „ oben am stärksten entwickelt.

7. In Entfernung von 6 cm von der Ursprungstelle.

Holzkörper nach oben um ein Geringes stärker entwickelt, als in den anderen Richtungen. Gesammtumrifs um ein Geringes höher als breit.

   1. Jahresring rechts ein wenig stärker entwickelt, als in den anderen Richtungen.

   2. „ allseitig annähernd gleichmäfsig entwickelt.

   3. „ allseitig fast gleichmäfsig, nur links ein wenig schwächer entwickelt.

   4. „ oben am stärksten entwickelt.

8. In Entfernung von 7 cm von der Ursprungstelle.

Holzkörper rechts-oben am stärksten entwickelt.

Sämmtliche Jahresringe waren rechts-oben gefördert.

9. In Entfernung von 8 cm von der Ursprungstelle.

Holzkörper rechts, ein wenig nach oben am stärksten entwickelt. Die ersten 3 Jahresringe waren rechts, der vierte oben, ein wenig nach links, am stärksten gefördert.

10. In Entfernung von 9 cm von der Ursprungstelle.

Holzkörper oben, ein wenig nach rechts, am stärksten entwickelt.

Die ersten 3 Jahresringe waren rechts-oben, der 4. links-oben überwiegend gefördert.

11. In Entfernung von 10 cm von der Ursprungstelle.

Holzkörper oben am stärksten entwickelt.

   1. Jahresring oben am stärksten gefördert.

   2. „ rechts-oben am stärksten gefördert.

   3. „ oben am stärksten gefördert.

   4. „ oben, ein wenig nach links, am stärksten gefördert.

14*

12. In Entfernung von 11 cm von der Ursprungstelle.
Holzkörper oben, ein wenig nach rechts, um ein Geringes stärker entwickelt, als in den anderen Richtungen.

    1. Jahresring allseitig ziemlich gleichmäfsig entwickelt.
    2.   „   rechts ein wenig gefördert.
    3.   oben, ein wenig nach rechts, gefördert.
    4.   ebenso.

13. In Entfernung von 12 cm von der Ursprungstelle.
Holzkörper nach allen Richtungen ziemlich gleichmäfsig entwickelt (rechts-oben um ein sehr Geringes gefördert).

    1. Jahresring allseitig gleichmäfsig entwickelt.
    2.   „   rechts-unten ein wenig gefördert.
    3.   „   allseitig ziemlich gleichmäfsig entwickelt.
    4.   „   rechts-oben deutlich gefordert.

14. In Entfernung von 13 cm von der Ursprungstelle.
Holzkörper oben um ein sehr Geringes gefördert.

    1. Jahresring allseitig annähernd gleichmäfsig entwickelt.
    2.   „   ebenso.
    3.   „   oben und unten ein wenig im Wachsthum gefördert.
    4.   „   oben gefördert.

15. In Entfernung von 14 cm von der Ursprungstelle.
Holzkörper rechts-oben und rechts-unten (nicht rechts!) in der Entwickelung um ein Geringes stärker gefördert, als in den anderen Richtungen.

    1. Jahresring allseitig gleichmäfsig entwickelt.
    2.   „   unten ein wenig stärker gefördert, als in den anderen Richtungen.
    3.   „   rechts-unten und rechts-oben ein wenig stärker gefördert.
    4.   „   oben, ein wenig nach rechts, am stärksten gefördert.

16. In Entfernung von 15 cm von der Ursprungstelle.
Holzkörper rechts-oben und rechts-unten am stärksten entwickelt (nahezu 1½ mal so stark, als in entgegengesetzter Richtung).

    1. Jahresring ziemlich gleichmäfsig entwickelt.
    2.   „   unten am stärksten gefördert.
    3.   „   rechts-unten am stärksten gefördert.
    4.   „   oben, ein wenig nach rechts, am stärksten gefördert.

17. In Entfernung von 16 cm von der Ursprungstelle.
Holzkörper rechts-oben und rechts-unten und demnächst rechts am stärksten entwickelt.

    1. Jahresring rechts, ein wenig nach oben, am stärksten entwickelt.
    2.   „   ebenso.
    3.   „   rechts-oben, rechts-unten und unten um ein Geringes stärker entwickelt, als in den anderen Richtungen.
    4.   rechts-oben am stärksten entwickelt.

18. In Entfernung von 17 cm von der Ursprungstelle.
Holzkörper rechts-oben am stärksten entwickelt.
  1. Jahresring rechts, ein wenig nach oben, am stärksten entwickelt.
  2. „ ebenso.
  3. „ „ rechts-oben und rechts-unten am stärksten entwickelt.
  4. „ „ rechts-oben am stärksten entwickelt.
19. In Entfernung von 18 cm von der Ursprungstelle.
Holzkörper rechts-oben und rechts am stärksten entwickelt.
  1. Jahresring allseitig ziemlich gleichmäfsig entwickelt.
  2. „ links-unten ein wenig stärker, als in den anderen Richtungen entwickelt.
  3. „ oben ein wenig stärker, als in den anderen Richtungen entwickelt.
  4. „ rechts-oben und rechts erheblich stärker, als in den anderen Richtungen entwickelt.
20. In Entfernung von 19 cm von der Ursprungstelle.
Holzkörper rechts, ein wenig nach oben am stärksten entwickelt.
  1. Jahresring allseitig ziemlich gleichmäfsig entwickelt.
  2. „ rechts-unten ein wenig gefördert.
  3. „ links-unten ein wenig gefördert.
  4. „ rechts, ein wenig nach oben erheblich gefördert.
21. In Entfernung von 20 cm von der Ursprungstelle.
Holzkörper rechts-unten am stärksten entwickelt.
  1. Jahresring rechts überwiegend gefördert.
  2. „ rechts-unten gefördert.
  3. „ rechts gefördert.
  4. „ rechts-unten gefördert.
  Der letzte Jahresring war oben, offenbar in Folge einer localen Verletzung, gar nicht ausgebildet.
22. In Entfernung von 21 cm von der Ursprungstelle.
Holzkörper rechts-unten am stärksten entwickelt.
  1. Jahresring rechts-unten gefördert.
  2. „ rechts-unten gefördert.
  3. „ rechts gefördert.
  4. „ rechts-unten gefördert.
  Der letzte Jahresring war oben, offenbar in Folge einer gegen Schlufs des dritten Jahres erfolgten localen Verletzung, ganz ausgeblieben.
23. In Entfernung von 22 cm von der Ursprungstelle.
Holzkörper rechts-unten am stärksten entwickelt.
  1. Jahresring allseitig ziemlich gleichmäfsig entwickelt.
  2. „ unten ein wenig stärker, als in den anderen Richtungen gefördert.
  3. „ allseitig ziemlich gleichmäfsig, nur oben zum Theil verletzt.
  4. „ rechts-unten bedeutend am stärksten entwickelt. Da die Wurzel gegen Schlufs des dritten Jahres oben verletzt worden war, war hier die Anlegung des letzten Jahresringes unterblieben.

24. In Entfernung von 23 cm von der Ursprungstelle.
Holzkörper rechts-unten am stärksten entwickelt.
1. Jahresring rechts um ein Geringes gefördert.
2. „ ebenso.
3. „ links-unten ein wenig gefördert.
4. „ rechts-unten erheblich am stärksten entwickelt. Links-oben war,
offenbar in Folge der vorerwähnten Verletzung, der 4. Jahresring
gar nicht ausgebildet.

25. In Entfernung von 24 cm von der Ursprungstelle.
Holzkörper rechts-unten am stärksten entwickelt.
1. Jahresring allseitig ziemlich gleichmäfsig entwickelt.
2. „ unten um ein Geringes gefördert.
3. „ oben um ein sehr Geringes gefördert.
4. „ rechts-unten beträchtlich gefördert. Eine äufsere Verletzung, wie
an den vorigen Querschnitten, war hier nicht mehr erkennbar.

26. In Entfernung von 25 cm von der Ursprungstelle.
Holzkörper rechts-unten am stärksten entwickelt.
1. Jahresring allseitig ziemlich gleichmäfsig entwickelt.
2. „ rechts am stärksten gefördert.
3. „ ebenso.
4. „ rechts-unten am stärksten gefördert.

27. In Entfernung von 26 cm von der Ursprungstelle.
Holzkörper links-unten am stärksten entwickelt.
1. Jahresring allseitig ziemlich gleichmäfsig entwickelt.
2. „ links-unten am stärksten entwickelt.
3. „ links um ein sehr Geringes stärker, als nach den anderen Richtungen entwickelt.
4. „ unten, ein wenig nach links, am stärksten entwickelt.

28. In Entfernung von 27 cm von der Ursprungstelle.
Holzörper links-unten am stärksten entwickelt.
1. Jahresring allseitig ziemlich gleichmäfsig entwickelt.
2. „ links-unten am stärksten entwickelt.
3. „ links. links-oben und oben um ein Geringes stärker gefördert.
als in den anderen Richtungen.
4. „ links-unten erheblich am stärksten gefördert.

29. In Entfernung von 28 cm von der Ursprungstelle.
Holzkörper links am stärksten entwickelt.
1. Jahresring allseitig ziemlich gleichmäfsig entwickelt.
2. „ links, ein wenig nach unten, am stärksten gefördert.
3. „ links, ein wenig nach oben, am stärksten gefördert.
4. „ genau links am stärksten gefördert.

30. In Entfernung von 29 cm von der Ursprungstelle.
    Holzkörper links am stärksten entwickelt.
    1. Jahresring allseitig ziemlich gleichmäfsig entwickelt.
    2. „ oben, links und unten um ein Geringes stärker als rechts gefördert.
    3. „ oben ein wenig stärker gefördert, als in den anderen Richtungen.
    4. „ links erheblich am stärksten entwickelt.
31. In Entfernung von 30 cm von der Ursprungstelle.
    Holzkörper links, ein wenig nach oben am stärksten entwickelt.
    1. Jahresring allseitig ziemlich gleichmäfsig entwickelt.
    2. „ links-unten am stärksten entwickelt.
    3. „ links, links-oben, oben und rechts-oben stärker, als in den anderen Richtungen gefördert.
    4. „ links-oben sehr erheblich stärker gefördert, als in den anderen Richtungen.
32. In Entfernung von 31 cm von der Ursprungstelle.
    Holzkörper links-oben und demnächst links-unten am stärksten entwickelt.
    1. Jahresring links-unten um ein Geringes stärker entwickelt, als in den anderen Richtungen.
    2. „ links-unten erheblich gefördert.
    3 „ links am stärksten entwickelt.
    4. „ links-oben sehr erheblich gefördert.
33. In Entfernung von 32 cm von der Ursprungstelle.
    Holzkörper in allen Richtungen nahezu gleichmäfsig entwickelt.
    1. Jahresring allseitig ziemlich gleichmäfsig entwickelt.
    2. „ unten, rechts-unten und rechts gefördert.
    3. „ allseitig ziemlich gleichmäfsig entwickelt.
    4. „ links-oben, links und links-unten, am stärksten entwickelt.
34. In Entfernung von 33 cm von der Ursprungstelle.
    Holzkörper oben und rechts, ein wenig nach unten, am stärksten entwickelt.
    1. Jahresring rechts um ein sehr Geringes stärker entwickelt, als in den anderen Richtungen.
    2. „ rechts-oben und rechts-unten erheblich stärker entwickelt, als in den anderen Richtungen.
    3. „ oben, ein wenig nach rechts, und links-unten am stärksten entwickelt.
    4. „ von oben bis links und links-unten am stärksten entwickelt.
35. In Entfernung von 34 cm von der Ursprungstelle.
    Holzkörper nach allen Richtungen nahezu gleichmäfsig entwickelt.
    1. Jahresring allseitig ziemlich gleichmäfsig entwickelt.
    2. „ rechts, ein wenig nach unten, am stärksten entwickelt.
    3. „ allseitig ziemlich gleichmäfsig entwickelt.
    4. „ links und links-oben am stärksten entwickelt.

36. In Entfernung von 35 cm von der Ursprungstelle.
Holzkörper links-oben am stärksten entwickelt.
  1. Jahresring allseitig ziemlich gleichmäfsig, alle folgenden links-oben
    am stärksten entwickelt.
37. In Entfernung von 36 cm von der Ursprungstelle.
Holzkörper oben am stärksten entwickelt.
  1. Jahresring allseitig ziemlich gleichmäfsig entwickelt.
  2.   „   oben, ein wenig nach rechts, am stärksten entwickelt.
  3.   „   ebenso.
  4.   links-oben am stärksten entwickelt.
38. In Entfernung von 37 cm von der Ursprungstelle.
Holzkörper unten am stärksten entwickelt.
  1. Jahresring allseitig ziemlich gleichmäfsig entwickelt.
  2.   „   unten, ein wenig nach rechts, am stärksten entwickelt.
  3.   „   ebenso.
  4.   „   links-oben am stärksten entwickelt.
39. In Entfernung von 38 cm von der Ursprungstelle.
Holzkörper rechts am stärksten entwickelt.
  1. Jahresring allseitig ziemlich gleichmäfsig entwickelt.
  2.   „   rechts, ein wenig nach unten, am stärksten entwickelt.
  3.   „   ebenso.
  4.   „   links-oben am stärksten entwickelt.

Die Rindengewebe sind in vorstehender Tabelle unberücksichtigt geblieben. Zwar liefs sich nicht verkennen, dafs deren Dickenwachsthum im Allgemeinen mit demjenigen des Holzkörpers gleichförmig zu- und abnahm: doch zeigten sich so zahlreiche Ausnahmen von dieser Regel, und es war die äufsere Begrenzung der Rindengewebe überhaupt so unregelmäfsig, dafs genauere Angaben kaum ausführbar erschienen.

2. Nahezu horizontale, wahrscheinlich 8-jährige Seitenwurzel, von der rechten Seite einer dickeren horizontalen Wurzel in einer Tiefe von wenigen Zollen entspringend. Die betreffende Stelle (im Berliner botanischen Garten) wird selten betreten.

Das untersuchte Wurzelstück war im Mittel etwa 3 mm dick. Der primäre Vasalkörper war durchweg tetrarch.

Es entsprang aus der untersuchten Wurzel in Entfernung
  von 7 mm von der Ursprungstelle eine dünne Nebenwurzel nach rechts, ein wenig
    nach unten;
  „ 54 „ eine desgl. nach rechts-unten;
    57 „ eine desgl. nach links;
  „ 68 „ eine kräftige (mehr als 1 mm dicke) Nebenwurzel nach links, ein wenig
    nach oben;

von 69 mm eine schwächere Nebenwurzel nach unten;
„ 75 „ eine ziemlich schwache Nebenwurzel nach rechts;
„ 80 „ eine dünne Nebenwurzel nach unten;
„ 89 „ eine desgl. nach links-oben;
„ 95 „ eine ziemlich kräftige Nebenwurzel nach rechts-unten und eine weniger kräftige nach rechts-oben;
103 „ eine ziemlich kräftige Nebenwurzel nach rechts;
114 „ eine schwache Nebenwurzel nach rechts;
119 „ eine desgl. nach rechts, ein wenig nach unten;
129 „ eine mittelstarke Nebenwurzel nach links, ein wenig nach unten;
138 „ eine mittelstarke Nebenwurzel nach oben;
139 „ eine kräftige (2 mm starke) Nebenwurzel nach rechts, ein wenig nach oben.

1. Nahe bei der Ursprungstelle.
Stärkste Entwickelung des Holzkörpers oben, ein wenig nach rechts. Rechter Theil stärker entwickelt, als der linke. Gesammtumrifs des Querschnittes unregelmäfsig, ein wenig höher als breit.

2. In Entfernung von 1 cm von der Ursprungstelle.
Stärkste Entwickelung des Holzkörpers oben und links-unten. Gesammtumrifs ein wenig schief-seitlich zusammengedrückt.

3. In Entfernung von 2 cm von der Ursprungstelle.
Stärkste Entwickelung des Holzkörpers oben. Gesammtumrifs unregelmäfsig, nicht seitlich zusammengedrückt.

4. In Entfernung von 3 cm von der Ursprungstelle.
Stärkste Entwickelung des Holzkörpers oben. Gesammtumrifs nahezu kreisrund, um ein sehr Geringes breiter als hoch.

5. In Entfernung von 4 cm von der Ursprungstelle.
Stärkste Entwickelung des Holzkörpers rechts-oben. Gesammtumrifs ziemlich regelmäfsig kreisrund.

6. In Entfernung von 5 cm von der Ursprungstelle.
Stärkste Entwickelung des Holzkörpers links. Gesammtumrifs ein wenig breiter als hoch. Jahresringe nicht gleichmäfsig gefördert.

7. In Entfernung von 6 cm von der Ursprungstelle.
Stärkste Entwickelung des Holzkörpers oben. Gesammtumrifs unregelmäfsig.

8. In Entfernung von 7 cm von der Ursprungstelle.
Stärkste Entwickelung des Holzkörpers links-oben. Gesammtumrifs sehr unregelmäfsig-gerundet-dreiseitig.

9. In Entfernung von 8 cm von der Ursprungstelle.
Stärkste Entwickelung des Holzkörpers links. Gesammtumrifs nahezu kreisförmig.

10. In Entfernung von 9 cm von der Ursprungstelle.
Stärkste Entwickelung des Holzkörpers links-unten. Gesammtumrifs ziemlich unregelmäfsig.

15

11. In Entfernung von 10 cm von der Ursprungsstelle
Stärkste Entwickelung des Holzkörpers links. Gesammtumrifs nahezu kreisförmig
Die ersten Jahresringe waren nach rechts-unten am stärksten entwickelt.

12. In Entfernung von 11 cm von der Ursprungsstelle.
Holzkörper links-unten erheblich stärker entwickelt, als in den anderen Richtungen
(etwa 3 mal so stark, als rechts-oben). Gesammtumrifs ein wenig breiter als hoch.
Der dritte Jahresring war rechts-unten am stärksten entwickelt, die übrigen
links-unten.

13. In Entfernung von 12 cm von der Ursprungsstelle.
Holzkörper links, ein wenig nach unten, am stärksten entwickelt mehr als
doppelt so stark, als in der entgegengesetzten Richtung). Gesammtumrifs breiter
als hoch. Der zweite Jahresring war nach links-oben, die späteren nach links-
unten am stärksten entwickelt.

14. In Entfernung von 13 cm von der Ursprungsstelle.
Holzkörper links-unten am stärksten entwickelt nahezu doppelt so stark, als in
der entgegengesetzten Richtung). Der zweite und dritte Jahresring waren nach
rechts, die folgenden nach links-unten am stärksten entwickelt. Gesammtumrif-
gerundet-polygonal. der Kreisform sich nähernd.

15. In Entfernung von 14 cm von der Ursprungsstelle.
Stärkste Entwickelung des Holzkörpers links, ein wenig nach unten etwa doppelt
so stark, als in entgegengesetzter Richtung).

16. In Entfernung von 15 cm von der Ursprungsstelle.
Stärkste Entwickelung des Holzkörpers links (etwa doppelt so stark, als in entgegengesetzter Richtung). Gesammtumrifs ein wenig breiter als hoch.

Die Abgrenzung der 8 Jahresringe des Holzkörpers war meist eine deutliche. Innerhalb
derselben traten öfters minder deutlich noch secundäre Grenzen hervor, wie solche sich auch in
den Jahresringen oberirdischer Seitensprosse nicht selten finden. Der Bast war meist, aber nicht
immer, gleichförmig mit dem Holzkörper gefördert. An einzelnen Stellen zeigten sich auf einem
verhältnifsmäfsig schwach entwickelten Holze auffallend mächtige Wucherungen von Bast.

Tilia ulmifolia (SCOP.) = T. parvifolia EHRH.

1. Ziemlich genau horizontale Seitenwurzel, von der Ursprungsstelle bis zur
Länge von 21 cm untersucht.

Es entsprang aus der untersuchten Wurzel in Entfernung
von 11,5 cm von der Ursprungsstelle eine lange, nicht sehr starke Nebenwurzel ziemlich
genau nach links;
„ 12 „ eine desgl. nach unten, ein wenig nach links;
„ 17,3 „ eine desgl. ziemlich genau nach links.

1. Dicht bei der Ursprungstelle.

	oben.	links.	rechts.	unten.
Rindengewebe und Cambium .	30	27	30	24
Secundäres Holz (wahrscheinlich 3 Jahresringe umfassend) .	56	51	56	44
Primärer Vasalkörper . . .	7	7	7	7

Der Holzkörper und die Rindengewebe waren rechts-oben am stärksten entwickelt.

2. In Entfernung von 3 cm von der Ursprungstelle.

	oben.	links.	rechts.	unten.
Rindengewebe und Cambium .	$17^1/_2$	20	19	21
Secundäres Holz	$28^1/_2$	29	29	31
Primärer Vasalkörper . . .	$6^1/_2$	$6^1/_2$	$6^1/_2$	$6^1/_2$

Der Holzkörper war unten am stärksten entwickelt, die Rindengewebe links-unten.

3. In Entfernung von 6 cm von der Ursprungstelle.

	oben.	links.	rechts.	unten.
Rindengewebe und Cambium .	15	22	16	20
Secundäres Holz	23	32	23	30
Primärer Vasalkörper . . .	6	6	6	6

Der Holzkörper und die Rindengewebe waren links-unten am stärksten entwickelt.

4. In Entfernung von 9 cm von der Ursprungstelle.

	oben.	links.	rechts.	unten.
Rindengewebe und Cambium .	18	20	17	20
Secundäres Holz	24	29	25	29
Primärer Vasalkörper . . .	5	5	5	5

Der Holzkörper und die Rindengewebe waren links-unten am stärksten entwickelt.

5. In Entfernung von 12 cm von der Ursprungstelle.

	oben.	links.	rechts.	unten.
Rindengewebe und Cambium .	15	21	21	29
Secundäres Holz . .	18	30	26	43
Primärer Vasalkörper . . .	$4^1/_2$	$5^1/_2$	$5^1/_2$	$4^1/_2$

Holzkörper und Rindengewebe sehr stark hyponastisch. Stärkste Entwickelung beider ziemlich genau unten, nur um ein sehr Geringes nach rechts.

6. In Entfernung von 15 cm von der Ursprungstelle.

	oben.	links.	rechts.	unten.
Rindengewebe und Cambium .	15	15	16	16
Secundäres Holz	19	19	21	22
Primärer Vasalkörper . . .	$4^1/_2$	$5^1/_2$	$5^1/_2$	$4^1/_2$

Holzkörper und Rindengewebe waren rechts-unten am stärksten entwickelt.

7. In Entfernung von 18 cm von der Ursprungstelle.

	oben.	links.	rechts.	unten.
Rindengewebe und Cambium .	11	14	14	15
Secundäres Holz	15	20	18	24
Primärer Vasalkörper . . .	$5^1/_2$	6	6	$5^1/_2$

Holzkörper und Rindengewebe waren unten am stärksten entwickelt.

15*

In der untersuchten horizontalen Seitenwurzel waren vom Ursprunge bis zur Entfernung von etwa 12 cm drei Jahresringe ziemlich deutlich kenntlich; weiterhin wurde ihre Abgrenzung eine weniger scharfe. Die Förderung der einzelnen Jahresringe eines Querschnittes war fast überall eine gleichsinnige; nur in den Schnitten, welche in Entfernung von 3 cm von der Ursprungstelle geführt waren, zeigte sich der jüngste Jahresring an der zenithwärt- gekehrten Seite um ein Geringes breiter, als an der unteren, während an den beiden innersten Jahresringen das umgekehrte Verhältniß zu beobachten war.

2. Ziemlich genau horizontale Seitenwurzel.

Es entsprang aus der untersuchten Wurzel in Entfernung

von   7 mm von der Ursprungstelle eine ziemlich starke Nebenwurzel nach links;
„ 27 „ eine schwächere Nebenwurzel nach rechts-unten;
„ 28 „ eine desgl. nach rechts-unten;
„ 29 „ eine ziemlich starke Nebenwurzel nach rechts;
„ 74 „ eine Nebenwurzel nach oben und eine desgl. nach rechts;
„ 78   eine dünne Nebenwurzel nahezu unten, ein wenig nach rechts;
„ 110 „ eine mittelstarke Nebenwurzel ziemlich genau nach oben;
„ 118 „ eine schwache nach links-unten;
zwischen 120 und 150 mm mehrere Nebenwurzeln nach verschiedenen Seiten, die meisten unter ihnen nach links-oben.

1. Dicht an der Ursprungstelle.

	oben.	links.	rechts.	unten.
Rindengewebe und Cambium .	25	17	23	15
Secundäres Holz . .	63	25	40	16
Primärer Vasalkörper . . .	7	8	8	7

Holzkörper und Rindengewebe waren rechts-oben bei weitem am stärksten entwickelt.

2. In Entfernung von 3 cm von der Ursprungstelle.

	oben.	links.	rechts.	unten.
Rindengewebe und Cambium .	20	21	$11^1{}_2$	14
Secundäres Holz . . .	36	38	17	17
Primärer Vasalkörper . . .	$4^1{}_2$	$5^1{}_2$	$5^1{}_2$	$4^1{}_2$

Holzkörper und Rindengewebe waren links-oben bei weitem am stärksten entwickelt.

3. In Entfernung von 6 cm von der Ursprungstelle.

	oben.	links.	rechts.	unten.
Rindengewebe und Cambium .	12	12	15	13
Secundäres Holz . . .	19	19	23	$20^1{}_2$
Primärer Vasalkörper . . .	$3^3{}_4$	4	4	$3^3{}_4$

Holzkörper und Rindengewebe waren rechts-oben am stärksten entwickelt.

4. In Entfernung von 9 cm von der Ursprungstelle.

	oben.	links.	rechts.	unten.
Rindengewebe und Cambium .	14	13	16	$14^1{}_2$
Secundäres Holz . . .	22	21	21	25
Primärer Vasalkörper . . .	$4^1{}_2$	$4^1/_2$	$4^1/_2$	$4^1/_2$

Gesammtumrifs ein wenig höher als breit. Nach rechts-oben war die Rinde nach unten der Holzkörper verhältuifsmäfsig stark entwickelt.

5. In Entfernung von 12 cm von der Ursprungstelle.

	oben.	links.	rechts.	unten.
Rindengewebe und Cambium .	16	15	15	12
Secundäres Holz	26	23	22	19
Primärer Vasalkörper . . .	$4^1{}_2$	4	4	$4^1/_2$

Rindengewebe und Holzkörper waren nach oben am stärksten entwickelt.

6. In Entfernung von 15 cm von der Ursprungstelle.

	oben.	links.	rechts.	unten.
Rindengewebe und Cambium .	11	11	13	10
Secundäres Holz . . .	19	17	$20^1/_2$	18
Primärer Vasalkörper . . .	$2^1{}_2$	$2^1/_4$	$2^1/_4$	$2^1/_2$

Rindengewebe und Holzkörper waren rechts-oben am stärksten entwickelt.

3. Kräftige. wahrscheinlich 7-jährige, in allen Theilen nahezu horizontale Wurzel, an einer wenig betretenen Stelle in einer Tiefe von 3 bis 5 cm ausgehoben.

Dieselbe war bis zu einer Entfernung von 38 cm von der Ursprungstelle nahezu geradlinig fortgewachsen, dann in einem fast rechten Winkel seitlich (von oben gesehen nach links) umgebogen und dann bis zu einer Entfernung von 69 cm von der Ursprungstelle wieder geradlinig. Sie war für die Untersuchung insofern sehr günstig, als nur sehr wenige und im Verhältnifs zu ihrem eigenen Umfange sehr schwache Nebenwurzeln von ihr ent-sprangen, nämlich in Entfernung

von 7 mm von der Ursprungstelle eine sehr zarte Nebenwurzel links. ein wenig nach oben:

,, 138 eine desgl. nach links-oben:

,, 154 ,, eine etwas stärkere Nebenwurzel genau nach unten:

,, 224 eine desgl. nach links-oben:

,, 390 eine sehr zarte Nebenwurzel nach links-oben:

,, 421 ,, eine wenig stärkere Nebenwurzel fast genau nach unten, ein wenig nach links;

,, 487 eine wenig schwächere nach links, ein wenig nach oben;

,, 564 eine kräftige Nebenwurzel nach rechts-unten und eine schwächere Nebenwurzel fast genau nach unten, ein wenig nach links;

,, 612 ,, eine sehr schwache Nebenwurzel nahezu oben, ein wenig nach links;

,, 633 ,, eine desgl. nach rechts-unten;

,, 665 ,, eine wenig kräftigere Nebenwurzel nach rechts-unten.

1. An der Ursprungstelle.

	oben.	links.	rechts.	unten.
Rindengewebe und Cambium .	19	23	25	25
Holzkörper (mit Einschlufs des				
primären Vasalkörpers) . .	49	69	95	95

Rindengewebe und Holzkörper waren rechts-unten am stärksten entwickelt. Alle Jahresringe des Holzes nahmen hieran ziemlich gleichmäfsig Antheil.

2. In Entfernung von 3 cm von der Ursprungstelle.

	oben.	links.	rechts.	unten.
Rindengewebe und Cambium	19	21	23	22
Holzkörper	48	66	89	100

Rindengewebe und Holzkörper waren rechts-unten am stärksten entwickelt; die älteren Jahresringe des Holzes nach unten.

3. In Entfernung von 6 cm von der Ursprungstelle.

	oben.	links.	rechts.	unten.
Rindengewebe und Cambium .	19	22	23	28
Holzkörper	46	68	87	97

Rindengewebe und Holzkörper waren nach rechts-unten am stärksten entwickelt; die älteren Jahresringe des Holzes nach unten.

4. In Entfernung von 9 cm von der Ursprungstelle.

	oben.	links.	rechts.	unten.
Rindengewebe und Cambium .	23	21	21	24
Holzkörper	61	56	96	83

Rindengewebe und Holzkörper waren nach rechts und demnächst nach rechts-unten am stärksten entwickelt. Die ältesten Jahresringe waren nach rechts-unten am stärksten entwickelt.

5. In Entfernung von 12 cm von der Ursprungstelle.

	oben.	links.	rechts.	unten.
Rindengewebe und Cambium .	19	20	24	24
Holzkörper	49	51	98	93

Rindengewebe und Holzkörper waren nach rechts-unten am stärksten entwickelt. Alle Jahresringe nahmen hieran ziemlich gleichmäfsig Antheil.

6. In Entfernung von 15 cm von der Ursprungstelle.

	oben.	links.	rechts.	unten.
Rindengewebe und Cambium .	25	19	27	27
Holzkörper	59	49	101	82

Rindengewebe und Holzkörper waren nach rechts-unten am stärksten entwickelt. Alle Jahresringe nahmen hieran ziemlich gleichmäfsig Antheil.

7. In Entfernung von 18 cm von der Ursprungstelle.

	oben.	links.	rechts.	unten.
Rindengewebe und Cambium .	27	17	28	22
Holzkörper	80	43	113	63

Rindengewebe und Holzkörper waren nach rechts am stärksten entwickelt. Alle Jahresringe nahmen hieran ziemlich gleichmäfsig Antheil.

8. **In Entfernung von 21 cm von der Ursprungstelle.**

	oben.	links.	rechts.	unten.
Rindengewebe und Cambium	27	21	27	22
Holzkörper	91	46½	104	54

Rindengewebe und Holzkörper waren nach rechts-oben am stärksten entwickelt. Alle Jahresringe nahmen hieran ziemlich gleichmäfsig Antheil.

9. **In Entfernung von 24 cm von der Ursprungstelle.**

	oben.	links.	rechts.	unten.
Rindengewebe und Cambium	26	20	25	23
Holzkörper	89	44½	94½	51

Rindengewebe und Holzkörper waren nach rechts-oben am stärksten entwickelt. Alle Jahresringe nahmen hieran ziemlich gleichmäfsig Antheil.

10. **In Entfernung von 27 cm von der Ursprungstelle.**

	oben.	links.	rechts.	unten.
Rindengewebe und Cambium	29	20	30	23
Holzkörper	90	46	98	53

Rindengewebe und Holzkörper waren nach rechts-oben am stärksten entwickelt. Alle Jahresringe nahmen hieran ziemlich gleichmäfsig Antheil.

11. **In Entfernung von 30 cm von der Ursprungstelle.**

	oben.	links.	rechts.	unten.
Rindengewebe und Cambium	27	22	28	21
Holzkörper	89	45	95	47

Rindengewebe und Holzkörper waren nach rechts-oben am stärksten entwickelt. Alle Jahresringe nahmen hieran ziemlich gleichmäfsig Antheil.

12. **In Entfernung von 33 cm von der Ursprungstelle.**

	oben.	links.	rechts.	unten.
Rindengewebe und Cambium	27	19	30	17
Holzkörper	102	44	84	37

Rindengewebe und Holzkörper waren nach rechts-oben am stärksten entwickelt. Alle Jahresringe nahmen hieran ziemlich gleichmäfsig Antheil.

13. **In Entfernung von 36 cm von der Ursprungstelle.**

	oben.	links.	rechts.	unten.
Rindengewebe und Cambium	28	26	25	17
Holzkörper	104	59	66	40

Rindengewebe und Holzkörper waren genau oben am stärksten entwickelt. Alle Jahresringe nahmen hieran ziemlich gleichmäfsig Antheil.

14. **In Entfernung von 39 cm von der Ursprungstelle.**

	oben.	links.	rechts.	unten.
Rindengewebe und Cambium	27	27	23	21
Holzkörper	94	77	65	44

Rindengewebe und Holzkörper waren nahezu oben, ein wenig nach links am stärksten entwickelt. Die beiden letzten Jahresringe waren links-oben, alle anderen oben am stärksten entwickelt.

15. In Entfernung von 12 cm von der Ursprungstelle.

	oben.	links.	rechts.	unten.
Rindengewebe und Cambium .	30	25	26	19
Holzkörper	107	63	57	33

Rindengewebe und Holzkörper waren genau oben am stärksten entwickelt. Dasselbe war bei sämmtlichen Jahresringen der Fall.

16. In Entfernung von 45 cm von der Ursprungstelle.

	oben.	links.	rechts.	unten.
Rindengewebe und Cambium .	27	26	24	17
Holzkörper	99	65	59	37

Rindengewebe und Holzkörper waren genau oben am stärksten entwickelt. Dasselbe war bei sämmtlichen Jahresringen der Fall.

17. In Entfernung von 48 cm von der Ursprungstelle.

	oben.	links.	rechts.	unten.
Rindengewebe und Cambium	28	23	23	19
Holzkörper	94	75	59	40

Rindengewebe und Holzkörper waren genau oben am stärksten entwickelt. Dasselbe war bei sämmtlichen Jahresringen der Fall.

18. In Entfernung von 51 cm von der Ursprungstelle.

	oben.	links.	rechts.	unten.
Rindengewebe und Cambium .	26	26	23	17
Holzkörper	98	69	55	37

Rindengewebe und Holzkörper waren genau oben am stärksten entwickelt. Dasselbe war bei allen Jahresringen der Fall.

19. In Entfernung von 54 cm von der Ursprungstelle.

	oben.	links.	rechts.	unten.
Rindengewebe und Cambium .	28	22	19	18
Holzkörper	96	73	52	39

Rindengewebe und Holzkörper waren genau oben am stärksten entwickelt. Dasselbe war bei allen Jahresringen der Fall. Die linke Seite war im Vergleich zur rechten erheblich im Wachsthum gefördert.

20. In Entfernung von 57 cm von der Ursprungstelle.

	oben.	links.	rechts.	unten.
Rindengewebe und Cambium .	27	23	24	18
Holzkörper	95	69	57½	32

Rindengewebe und Holzkörper waren genau oben am stärksten entwickelt. Dasselbe war bei sämmtlichen Jahresringen der Fall. Verticaler Durchmesser des Querschnittes (168) geringer, als der horizontale (185).

21 In Entfernung von 60 cm von der Ursprungstelle.

	oben.	links.	rechts.	unten.
Rindengewebe und Cambium .	24	26	22	20
Holzkörper	87	85	41	34

Rindengewebe und Holzkörper waren links-oben am stärksten entwickelt. Dasselbe war bei sämmtlichen Jahresringen der Fall.

22. In Entfernung von 63 cm von der Ursprungstelle.

	oben.	links.	rechts.	unten.
Rindengewebe und Cambium	30	29	23	20
Holzkörper	90	86	39	41

Rindengewebe und Holzkörper links-oben am stärksten entwickelt. Dasselbe war bei sämmtlichen Jahresringen der Fall.

23. In Entfernung von 66 cm von der Ursprungstelle.

	oben.	links.	rechts.	unten.
Rindengewebe und Cambium	26	25	$21^1/_2$	20
Holzkörper	84	$94^1/_2$	$41^1/_2$	46

Rindengewebe und Holzkörper links, ein wenig nach oben, am stärksten entwickelt. Dasselbe war bei sämmtlichen Jahresringen der Fall.

24. In Entfernung von 69 cm von der Ursprungstelle.

	oben.	links.	rechts.	unten.
Rindengewebe und Cambium	26	28	19	24
Holzkörper	$77^1/_2$	93	38	$43^1/_2$

Rindengewebe und Holzkörper fast genau links, ein wenig nach oben, am stärksten entwickelt. Dasselbe war bei sämmtlichen Jahresringen der Fall.

Wie sich aus Vorstehendem ergibt, ging das stärkste Dickenwachsthum der Wurzel, welches dicht bei der Ursprungstelle nach rechts-unten gerichtet war, in Entfernung von 18 cm nach rechts, in Entfernung von 21 cm nach rechts-oben, in Entfernung von 29—42 cm nach oben, in Entfernung von 60 cm nach links-oben und in Entfernung von 69 cm fast genau nach links über. Die Richtung stärksten Entwickelung hatte also die Wurzel in streckenweise steiler, streckenweise minder steiler Schraubenlinie umkreist.

Die Förderung der einzelnen Jahresringe fand meist gleichsinnig statt; Ausnahmen waren selten (vergl. 2., 3., 4., 14.).

4. Nahezu horizontale, im untersuchten Theile 3-jährige Seitenwurzel, wenige Zolle unterhalb des Bodens erwachsen.

Nebenwurzeln entsprangen besonders in dem von der Ursprungstelle entfernteren Theile in reichem Maafse nach den verschiedensten Richtungen. Das Dickenwachsthum des Holzkörpers nach der Seite ihres Ursprunges hin wurde nur wenig durch sie beeinflufst.

1. Dicht an der Ursprungstelle.
Holzkörper und Rindengewebe genau oben am stärksten, rechts am schwächsten entwickelt. Gesammtumrifs des Wurzelquerschnittes erheblich höher als breit. Der erste Jahresring war von links-unten durch links und links-oben bis oben um ein Geringes stärker entwickelt, als nach den anderen Richtungen hin; die beiden folgenden Jahresringe waren oben am stärksten entwickelt.

2. In Entfernung von 3 cm von der Ursprungstelle.
Holzkörper und Rindengewebe unten und rechts-unten am stärksten, in entgegengesetzter Richtung sehr viel schwächer entwickelt. Alle Jahresringe in gleicher Richtung gefördert.

3. In Entfernung von 6 cm von der Ursprungsstelle.
Holzkörper und Rindengewebe genau rechts am stärksten entwickelt. Alle Jahres-
ringe annähernd gleichsinnig im Dickenwachsthum gefördert; bei den ersten waren die
Differenzen aber geringer, als bei den beiden letzten.

4. In Entfernung von 9 cm von der Ursprungsstelle.
Holzkörper und Rindengewebe genau oben am stärksten entwickelt. Linker Theil
etwas mehr im Wachsthum gefördert, als der rechte. Die beiden letzten Jahresringe
waren, gleichsinnig mit dem ganzen Holzkörper, oben am stärksten entwickelt, der erste
dagegen annähernd gleichmäfsig nach allen Richtungen.

5. In Entfernung von 12 cm von der Ursprungsstelle.
Holzkörper und Rindengewebe annähernd gleichmäfsig nach allen Richtungen entwickelt. Dasselbe war bei sämmtlichen Jahresringen der Fall.

6. In Entfernung von 15 cm von der Ursprungsstelle.
Holzkörper und Rindengewebe rechts-oben am stärksten entwickelt. Der dritte
Jahresring stärker in diesem Sinne gefördert. als der zweite: der erste annähernd
gleichmäfsig nach allen Richtungen entwickelt.

7. In Entfernung von 18 cm von der Ursprungsstelle.
Holzkörper und Rindengewebe von rechts-oben durch rechts und rechts-unten
bis unten am stärksten entwickelt, links-oben am schwächsten. Erster Jahresring
allseitig genau gleichmäfsig, zweiter Jahresring allseitig annähernd gleichmäfsig entwickelt, nur nach rechts-unten um ein sehr Geringes stärker gefördert;
dritter Jahresring im Sinne des ganzen Holzkörpers gefördert.

8. In Entfernung von 21 cm von der Ursprungsstelle.
Holzkörper und Rindengewebe rechts am stärksten entwickelt. Erster Jahresring allseitig gleichmäfsig. zweiter sehr wenig nach rechts, dritter stärker nach
rechts gefördert.

9. In Entfernung von 24 cm von der Ursprungsstelle.
Holzkörper und Rindengewebe allseitig annähernd gleichmäfsig entwickelt. Der
erste Jahresring war überall gleichmäfsig, der zweite am stärksten nach rechts-
unten, der dritte am stärksten nach links-oben entwickelt.

Auch. innerhalb der Zwischenräume von 3 zu 3 cm zeigten in der vorliegenden Wurzel
Holzkörper und Rindengewebe sehr rasche und häufige Uebergänge in der Richtung ihrer Förderung.

5. Annähernd horizontale, im basalen Theile wahrscheinlich 4-jährige
Seitenwurzel, in einer Tiefe von wenigen Zollen unterhalb der Bodenoberfläche erwachsen.

1. Dicht bei der Ursprungsstelle.
Holzkörper und Rindengewebe genau oben am stärksten entwickelt. Der rechte Theil
war erheblich stärker gefördert, als der linke. Die einzelnen Jahresringe (— ihre Ab-

grenzung war sehr unsicher —) waren sämmtlich annähernd gleichsinnig im Wachsthume gefördert.

2. In Entfernung von 3 cm von der Ursprungstelle.
Holzkörper und Rindengewebe rechts, ein wenig nach unten, am stärksten entwickelt. Der erste Jahresring, welcher sich hier deutlich abgrenzte, war oben um ein
sehr Geringes stärker entwickelt, als in den anderen Richtungen; die übrigen rechts-
unten.

3. In Entfernung von 6 cm von der Ursprungstelle.
Holzkörper und Rindengewebe links-oben am stärksten entwickelt. Sämmtliche Jahresringe gleichsinnig gefördert: doch waren bei den späteren die Differenzen gröfser, als
bei den ersten.

4. In Entfernung von 9 cm von der Ursprungstelle.
Holzkörper und Rindengewebe links-unten am stärksten entwickelt. Alle Jahresringe
waren, soweit sich bei deren undeutlicher Abgrenzung hierüber ein Urtheil gewinnen
liefs, gleichsinnig im Wachsthum gefördert.

5. In Entfernung von 12 cm von der Ursprungstelle.
Holzkörper und Rindengewebe rechts-oben am stärksten entwickelt. Alle Jahresringe
waren, soweit sich beurtheilen liefs, gleichsinnig im Wachsthume gefördert.

6. In Entfernung von 15 cm von der Ursprungstelle.
Holzkörper und Rindengewebe genau links am stärksten entwickelt. Alle Jahresringe waren, soweit sich beurtheilen liefs, gleichsinnig im Wachsthume gefördert.

7. In Entfernung von 18 cm von der Ursprungstelle.
Holzkörper und Rindengewebe links-unten am stärksten entwickelt. Alle Jahresringe
waren, soweit sich beurtheilen liefs, gleichsinnig im Wachsthume gefördert.

6. Nahezu horizontale, wahrscheinlich 5-jährige Seitenwurzel, wenige
Zolle unterhalb der Bodenoberfläche erwachsen.

Es entsprangen aus ihr sehr wenige und sehr zarte Nebenwurzeln nach verschiedenen Seiten.

1. Dicht an der Ursprungstelle.
Holzkörper und Rindengewebe oben und demnächst rechts bis unten am stärksten entwickelt. Der erste und zweite Jahresring waren nach oben, der fünfte nach rechts-
unten am stärksten entwickelt. Gesammtumrifs des Querschnittes ein wenig höher
als breit.

2. In Entfernung von 1 cm von der Ursprungstelle.
Holzkörper und Rindengewebe rechts-oben am stärksten, links-unten am schwächsten
(nur etwa den dritten Theil so stark) entwickelt. Alle Jahresringe verschmälerten sich
von rechts-oben nach links-unten zu allmählich, wenn auch die Richtung stärkster Entwickelung nicht bei allen genau in demselben Radius lag. Gesammtumrifs des Querschnittes ein wenig breiter als hoch.

16*

3. In Entfernung von 2 cm von der Ursprungstelle.
Holzkörper und Rindengewebe links-unten am stärksten entwickelt. Alle Jahresringe gleichsinnig gefördert. Gesammtumriß des Querschnittes nahezu kreisförmig.

4. In Entfernung von 3 cm von der Ursprungstelle.
Holzkörper und Rindengewebe rechts-unten am stärksten entwickelt. Sämmtliche Jahresringe waren gleichsinnig gefördert; beim letzten waren die Differenzen am geringsten. Gesammtumriß nahezu kreisförmig.

5. In Entfernung von 4 cm von der Ursprungstelle.
Holzkörper und Rindengewebe genau oben wenig stärker entwickelt, als in den anderen Richtungen. Der erste Jahresring war nach allen Richtungen annähernd gleichmäfsig, die folgenden nach oben ein wenig stärker entwickelt. Gesammtumriß nahezu kreisförmig.

6. In Entfernung von 5 cm von der Ursprungstelle.
Holzkörper und Rindengewebe rechts-unten am stärksten entwickelt. Alle Jahresringe, mit Ausnahme des ersten, welcher allseitig gleichmäfsig war, nach rechts-unten gefördert. Gesammtumriß nahezu kreisförmig.

7. In Entfernung von 6 cm von der Ursprungstelle.
Holzkörper und Rindengewebe unten, ein wenig nach links am stärksten entwickelt. Sämmtliche Jahresringe nahezu gleichsinnig gefördert. Gesammtumriß ein wenig zusammengedrückt; gröfster Durchmesser von links-unten nach rechts-oben gerichtet.

8. In Entfernung von 7 cm von der Ursprungstelle.
Holzkörper und Rindengewebe oben, ein wenig nach rechts, am stärksten entwickelt. Jahresringe sämmtlich gleichsinnig gefördert. Gesammtumriß kreisförmig.

9. In Entfernung von 8 cm von der Ursprungstelle.
Holzkörper und Rinde rechts-oben am stärksten entwickelt (nahezu 3 mal so stark, als in der entgegengesetzten Richtung). Jahresringe sämmtlich nahezu gleichsinnig gefördert. Gesammtumriß nahezu kreisförmig.

10. In Entfernung von 9 cm von der Ursprungstelle.
Holzkörper und Rinde ziemlich genau rechts am stärksten entwickelt. Unterschied viel geringer, als beim letzten Querschnitte. Jahresringe in verschiedenen Richtungen gefördert, z. B. der erste nach links-unten, der zweite nach rechts, der letzte nach rechts-oben. Gesammtumriß nahezu kreisförmig.

11. In Entfernung von 10 cm von der Ursprungstelle.
Holzkörper und Rinde unten am stärksten (etwa doppelt so stark, als in der entgegengesetzten Richtung) entwickelt. Jahresringe sämmtlich gleichförmig gefördert. Gesammtumriß ein wenig breiter als hoch.

D. Oberirdische Wurzeln.

Carludovica Moritziana.

Nahezu horizontale Wurzel, in einer Höhe von 23 cm über dem Boden des Topfes frei fortgewachsen. Länge 50 mm; mittlerer Durchmesser etwa $2^3/_4$ mm (aus dem Orchideen-Hause des Berliner botanischen Gartens).

1. Nahe der Ursprungstelle.

Umriss des Wurzelquerschnittes und des Centralcylinders oval: größter Durchmesser bei beiden schief von links-oben nach rechts-unten gerichtet.

Centralcylinder: Verticaler Durchmesser 66.

Horizontaler	,,	61.	
Größter	,,	$69^1/_2$.	
Kleinster	,,	56.	

	oben.	links.	rechts.	unten.
Rinde und Epidermis	67	63	68	62.

2. In Entfernung von 15 mm von der Ursprungstelle.

Gesammtumriss des Querschnittes nahezu kreisrund, kaum merklich oval. Centralcylinder ausgesprochen oval. Größter Durchmesser beider schief von links-oben nach rechts-unten gerichtet.

Centralcylinder: Verticaler Durchmesser 50.

Horizontaler	,,	40.	
Größter	,,	$51^1/_2$.	
Kleinster	,,	$43^1/_2$.	

	oben.	links.	rechts.	unten.
Rinde und Epidermis	43	44	47	$44^1/_2$.

3. In Entfernung von 30 mm von der Ursprungstelle.

Gesammtumriss nahezu kreisförmig. Centralcylinder oval: größter Durchmesser nicht genau vertical, doch etwas steiler, als beim vorigen Querschnitt, von links-oben nach rechts-unten gerichtet.

Centralcylinder: Verticaler Durchmesser 44.

Horizontaler	,,	39.	
Größter	,,	45.	
Kleinster	,,	38.	

	oben.	links.	rechts.	unten.
Rinde und Epidermis	36	40	42	40.

4. In Entfernung von 45 mm von der Ursprungstelle.

Gesammtumriss nahezu kreisförmig. Centralcylinder oval; größter Durchmesser wie beim vorigen Querschnitt gerichtet.

Centralcylinder: Verticaler Durchmesser 38¹₂.

   Horizontaler   35.

   Gröfster   39.

   Klein-ter   „ 31¹₂.

	oben.	links.	rechts.	unten.
Rinde und Epidermis	14¹₂	46¹₂	18¹₂	15.

5. Nahe der Wurzelspitze.

Gesammtumrifs nahezu kreisförmig. Centralcylinder deutlich oval; gröfster Durchmesser nahezu vertical, am oberen Ende kaum merklich nach links abweichend.

Centralcylinder: Verticaler Durchmesser 37¹₂.

   Horizontaler „ 32¹₂.

	oben.	links.	rechts.	unten.
Rinde und Epidermis	44¹₂	47	52	50.

Ganz nahe dem Punctum vegetationis der Wurzelspitze trat bei der Rinde die mächtigere Entwickelung der Unterseite gegenüber der Oberseite noch deutlicher hervor.

Die Vasal- und Phloëmbündel des Centralcylinders waren in dieser Wurzel weder bei ihrer Anlegung, noch späterhin in einer bestimmten Richtung überwiegend gefordert.

Carludovica palmaefolia.

1. Genau horizontale Wurzel, 134 mm lang und im mittleren Theile ca. 5.5 mm dick, in einer Höhe von 116 cm über dem Boden des Topfes aus dem Stamme entspringend und frei in die Luft des Gewächshauses, ohne die geringste Abwärtskrümmung der Spitze, hinausgewachsen.

1. Nahe der Ursprungstelle.

Gesammtumrifs unregelmäfsig-quer-oval, breiter als hoch. Gröfster Durchmesser nicht genau horizontal. Centralcylinder ausgesprochen oval; gröfster Durchmesser nahezu vertical, am oberen Ende deutlich nach links abweichend.

Centralcylinder: Verticaler Durchmesser 70¹₂.

   Horizontaler „ 66.

	oben.	links.	rechts.	unten.
Rinde und Epidermis	49	61	54	45¹₂.

2. In Entfernung von 30 mm von der Ursprungstelle.

Gesammtumrifs nahezu kreisförmig. Centralcylinder ausgesprochen oval. Gröfster Durchmesser nahezu vertical, am oberen Ende ein wenig nach links abweichend.

Centralcylinder: Verticaler Durchmesser 60.

   Horizontaler „ 50¹/₂.

	oben.	links.	rechts.	unten.
Rinde und Epidermis	44	50	49	44¹/₂.

3. In Entfernung von 60 mm von der Ursprungstelle.

Gesammtumrifs oval; gröfster Durchmesser vertical. Centralcylinder oval: gröfster Durchmesser nahezu vertical, am oberen Ende ein wenig nach links abweichend.

Centralcylinder: Verticaler Durchmesser 55.

Horizontaler   „   44.

	oben.	links.	rechts.	unten.
Rinde und Epidermis	47	51	49¹₂	49.

4. In Entfernung von 90 mm von der Ursprungstelle.

Gesammtumrifs oval. Centralcylinder ausgesprochen oval. Gröfster Durchmesser bei
beiden nahezu vertical.

Centralcylinder: Verticaler Durchmesser 54.

Horizontaler   „   46.

	oben.	links.	rechts.	unten.
Rinde und Epidermis	46	46¹₂	45¹/₂	47¹/₂.

5. In Entfernung von 110 mm von der Ursprungstelle.

Gesammtumrifs und Centralcylinder ausgesprochen oval. Gröfster Durchmesser bei
beiden vertical.

Centralcylinder: Verticaler Durchmesser 55¹₂.

Horizontaler   „   41.

	oben.	links.	rechts.	unten.
Rinde und Epidermis	52	52	49	54.

6. In Entfernung von 120 mm von der Ursprungstelle.

Gesammtumrifs ein wenig oval. Centralcylinder ausgesprochen oval. Gröfster Durchmesser bei beiden vertical.

Centralcylinder: Verticaler Durchmesser 50.

Horizontaler   „   41¹₂.

	oben.	links.	rechts.	unten.
Rinde und Epidermis	52	53	48¹/₂	51.

7. In Entfernung von 130 mm von der Ursprungstelle.

Gesammtumrifs oval, nahezu kreisförmig. Centralcylinder ausgesprochen oval. Gröfster
Durchmesser bei beiden vertical.

Centralcylinder: Verticaler Durchmesser 43.

Horizontaler   „   33¹/₂.

	oben.	links.	rechts.	unten.
Rinde und Epidermis	39	41¹/₂	42	44.

8. Ein wenig weiter gegen die Wurzelspitze hin, wo der Centralcylinder sich eben
erst deutlich abgegrenzt hatte.

Gesammtumrifs oval; gröfster Durchmesser vertical.

Centralcylinder: Verticaler Durchmesser 33.

Horizontaler   „   29.

Primäre Vasallbündel und Phloëmbündel nach allen Richtungen hin gleichmäfsig
gefördert.

	oben.	links.	rechts.	unten.
Rinde, Epidermis und Haube	31¹/₂	33	33	32.

9. Nahe der Spitze der Wurzel, die offenbar vollkommen gesund und noch in Fortentwickelung begriffen war.

Centralcylinder schon in seiner ersten Anlage sehr ausgesprochen oval; größter Durchmesser genau vertical. (Verhältniß des verticalen zum horizontalen Durchmesser ohngefähr wie 50 zu 37. Genaue Messungen waren wegen der noch nicht genügend
scharfen Abgrenzung nicht ausführbar.) Die Rinde war auf der Unterseite ein wenig
stärker entwickelt, als auf der Oberseite. (Genauere Messung wegen undeutlicher Abgrenzung gegen Epidermis und Haube nicht thunlich.

2. Genau horizontale Wurzel, 80 mm lang, in einer Höhe von 8 cm über dem
Boden des Topfes aus dem Stamme entspringend und frei in die Luft hinauswachsend.

Ein durch den Scheitel geführter, medianer Längsschnitt zeigte Folgendes:
  1. Nahe dem Scheitel und noch innerhalb des Bereiches der Wurzelhaube.
     Oberseite der Rinde mit der Wurzelhaube   27.
     Centralcylinder . . . .   24.
     Unterseite der Rinde mit der Wurzelhaube   27.
  2. Weiter grundwärts, wo die Wurzelhaube bereits aufgehört hatte.
     Oberseite der Rinde   . . . $32^1/_2$.
     Centralcylinder . .   . . .   29.
     Unterseite der Rinde . . . .   33.

Die Wurzelhaube zeigte sich an der Oberseite und an der Unterseite ziemlich gleichmäßig
im Dickenwachsthum gefördert.

3. Genau horizontale Wurzel, 90 mm lang, in einer Höhe von 8 cm über dem
Boden des Topfes aus dem Stamme entspringend und frei in die Luft hinauswachsend.

Ein durch den Scheitel geführter medianer Längsschnitt zeigte Folgendes:
  1. Nahe dem Scheitel und noch innerhalb des Bereiches der Wurzelhaube.
     Oberseite der Rinde mit der Wurzelhaube   29.
     Centralcylinder . . . .   28.
     Unterseite der Rinde mit der Wurzelhaube   28.
  2. Weiter grundwärts, wo die Wurzelhaube bereits aufgehört hat.
     Oberseite der Rinde .   . . . . .   34.
     Centralcylinder . . .   . . . $28^1/_2$.
     Unterseite der Rinde . . . .   33.

Die Wurzelhaube zeigte sich an der Oberseite und an der Unterseite ziemlich gleichmäßig
im Dickenwachsthum gefördert.

4. Fast genau horizontale Seitenwurzel, im Gewächshause stark beschattet, in einer Höhe von 12 cm über dem Boden des Topfes entspringend. Länge 88 mm. Mittlerer Durchmesser etwa 2,5 mm.

Es wurden in Entfernungen von 30, 50 und 70 mm von der Ursprungstelle mehrere Querschnitte hergestellt. Der Centralcylinder zeigte sich überall nahezu kreisförmig und sowohl er, als die Rinde waren allseitig annähernd gleichmäfsig gefördert. Genaue Messungen wurden nicht ausgeführt.

Philodendron sanguineum.

140 mm lange Luftwurzel, in der ersten Hälfte wenige Grade nach abwärts geneigt, in der zweiten (jüngeren) Hälfte genau horizontal, 695 mm über dem Boden des Topfes aus dem Stamme entspringend und frei in die Luft hinauswachsend. Mittlere Dicke etwa 3 mm.

1. Dicht bei der Ursprungstelle.

Gesammtumrifs ausgesprochen oval; gröfster Durchmesser vertical. Centralcylinder ausgesprochen oval; gröfster Durchmesser nicht genau vertical, am oberen Ende ein wenig nach rechts abweichend.

Centralcylinder: Verticaler Durchmesser	31.		
Horizontaler „	$27\frac{1}{2}$.		
	oben.	links.	rechts.	unten.
Rinde und Epidermis 31	$23\frac{1}{2}$	26	28.

2. In Entfernung von 30 mm von der Ursprungstelle.

Gesammtumrifs oval; gröfster Durchmesser vertical. Centralcylinder oval; gröfster Durchmesser nicht genau vertical, am oberen Ende ein wenig nach rechts abweichend.

Centralcylinder: Verticaler Durchmesser	27.		
Horizontaler „	$24\frac{1}{2}$.		
	oben.	links.	rechts.	unten.
Rinde und Epidermis 29	24	25	29.

3. In Entfernung von 60 mm von der Ursprungstelle.

Gesammtumrifs um ein Geringes höher als breit. Centralcylinder ausgesprochen oval; gröfster Durchmesser nicht genau vertical, am oberen Ende ein wenig nach rechts abweichend.

Centralcylinder: Verticaler Durchmesser	22.		
Horizontaler „	$21\frac{1}{2}$.		
	oben.	links.	rechts.	unten.
Rinde und Epidermis $25\frac{1}{2}$	23	$22\frac{1}{2}$	25.

4. In Entfernung von 90 mm von der Ursprungstelle.

Gesammtumrifs um ein Geringes höher als breit. Centralcylinder oval; gröfster Durchmesser nahezu vertical.

17

Centralcylinder: Verticaler Durchmesser 24.

          Horizontaler „   22.

	oben.	links.	rechts.	unten.
Rinde und Epidermis	$25^1/_2$	25	$21^1/_2$	25.

5. **In Entfernung von 120 mm von der Ursprungstelle.**
Gesammtumrifs um ein Geringes höher als breit. Centralcylinder deutlich oval; gröfster Durchmesser nicht genau vertical, am oberen Ende ein wenig nach rechts abweichend
Centralcylinder: Verticaler Durchmesser 24.

          Horizontaler „   22.

	oben.	links.	rechts.	unten.
Rinde und Epidermis	$25^1/_2$	$25^1/_2$	27	26.

6. **In Entfernung von 130 mm von der Ursprungstelle.**
Form des Gesammtumrisses und des Centralcylinders wie bei 5.
Centralcylinder: Verticaler Durchmesser $23^1/_2$.

          Horizontaler „ $21^1/_2$.

	oben.	links.	rechts.	unten.
Rinde und Epidermis	$25^1/_2$	26	$25^1/_2$	27.

7. Ein wenig weiter gegen den Scheitel hin war, bei annähernd kreisförmigem Gesammtumrifs, der Centralcylinder ein wenig oval. Sein gröfster Durchmesser war vertical gerichtet.
Centralcylinder: Verticaler Durchmesser 44.

          Horizontaler „   42.

	oben.	links.	rechts.	unten.
Rinde und Epidermis	41	42	$41^1/_2$	$41^1/_2$.

8. **Nahe dem Scheitel.**
Es wurde mittels des Ocular-Micrometers festgestellt, dafs die zenithwärts gekehrte Seite der Rinde jedenfalls nicht stärker, sondern eher um ein Geringes schwächer entwickelt war, als die abwärts gekehrte Seite. Genaue Messungen waren dicht am Scheitel nicht ausführbar, da für schwächere Vergröfserungen der Centralcylinder noch nicht genügend scharf gegen die Rinde abgegrenzt war.
Gesammtumrifs und Centralcylinder waren nahezu kreisrund.

Syngonium auritum.

Nahezu horizontale Wurzel, $19^1/_2$ cm über dem Boden des Topfes frei in die Luft hinausragend. Länge 61 mm.

1. **Dicht bei der Ursprungstelle.**
Gesammtumrifs beträchtlich höher als breit; gröfster Durchmesser vertical. Centralcyluder unregelmäfsig-verlängert-dreiseitig; gröfster Durchmesser vertical.
Centralcylinder: Verticaler Durchmesser 102.

          Horizontaler „   65.

	oben.	links.	rechts.	unten.
Rinde und Epidermis	71	59	68	76.

2. In Entfernung von 15 mm von der Ursprungstelle.
   Form des Gesammtumrisses und Centralcylinders wie bei 1.
   Centralcylinder: Verticaler Durchmesser 96.
   Horizontaler ,, 59.

	oben.	links.	rechts.	unten.
Rinde und Epidermis	67	63	65	81.

3. In Entfernung von 30 mm von der Ursprungstelle.
   Form des Gesammtumrisses und Centralcylinders wie bei 1 und 2; nur war die Differenz zwischen Höhe und Breite etwas geringer.
   Centralcylinder: Verticaler Durchmesser 83.
   Horizontaler ,, 62.

	oben.	links.	rechts.	unten.
Rinde und Epidermis	61	59	61	68.

4. In Entfernung von 45 mm von der Ursprungstelle.
   Gesammtumrifs und Centralcylinder ein wenig höher als breit. Differenz zwischen Höhe und Breite noch geringer, als bei 3.
   Centralcylinder: Verticaler Durchmesser 79.
   Horizontaler ,, 62.

	oben.	links.	rechts.	unten.
Rinde und Epidermis	60	61	58	60.

5. In Entfernung von 60 mm von der Ursprungstelle (dicht am Scheitel der Wurzel). Die Oberseite war vor Ausführung der Schnitte leider nicht deutlich genug bezeichnet worden. Es liefs sich also nicht entscheiden, welche Seite die geförderte war.

Vanda tricolor.

Fast genau horizontale Luftwurzel, 18 cm über dem Boden des Topfes aus dem Stamme hervortretend und in die Luft wachsend. Länge der Wurzel 155 mm; mittlere Dicke 6 mm.

1. Nahe der Ursprungstelle.
   Gesammtumrifs höher als breit. Centralcylinder oval; gröfster Durchmesser vertical.
   Centralcylinder: Verticaler Durchmesser 81.
   Horizontaler ,, 66.

	oben.	links.	rechts.	unten.
Rinde und Epidermis	52	47	52	48.

2. In Entfernung von 30 mm von der Ursprungstelle.
   Gesammtumrifs ein wenig höher als breit. Centralcylinder oval; gröfster Durchmesser vertical.
   Centralcylinder: Verticaler Durchmesser 74.
   Horizontaler ,, 64.

	oben.	links.	rechts.	unten.
Rinde und Epidermis	47	49	45	45.

17*

3. In Entfernung von 60 mm von der Ursprungstelle.
Gesammtumrifs ein wenig höher als breit. Centralcylinder oval: grofster Durchmesser vertical.

Centralcylinder: Verticaler Durchmesser 65.

    Horizontaler ,, 58.

	oben.	links.	rechts.	unten.
Rinde und Epidermis	51	53	49	$49^1/_2$.

4. In Entfernung von 90 mm von der Ursprungstelle.
Gesammtumrifs und Centralcylinder ein wenig höher als breit: grofster Durchmesser beider nahezu vertical.

Centralcylinder: Verticaler Durchmesser $58^1/_2$.

    Horizontaler ,, 54.

	oben.	links.	rechts.	unten.
Rinde und Epidermis	47	$49^1/_2$	44	$46^1/_2$.

5. In Entfernung von 120 mm von der Ursprungstelle.
Gesammtumrifs und Centralcylinder ein wenig höher als breit: grofster Durchmesser beider nahezu vertical.

Centralcylinder: Verticaler Durchmesser 54.

    Horizontaler ,, $50^1/_2$.

	oben.	links.	rechts.	unten.
Rinde und Epidermis	$45^1/_2$	48	$43^1/_2$	47.

6. In Entfernung von 150 mm von der Ursprungstelle.
Gesammtumrifs sehr wenig höher als breit. Gröfster Durchmesser des Centralcylinders nahezu vertical.

Centralcylinder: Verticaler Durchmesser $36^1/_2$.

    Horizontaler ,, $34^1/_2$.

	oben.	links.	rechts.	unten.
Rinde und Epidermis	40	41	$40^1/_2$	$42^1/_2$.

Figuren-Erklärung.

Taf. I.

Fig. 1. Stück aus dem zenithwärts gekehrten Theile des jüngsten Jahresringes eines 1-jährigen, nahezu horizontalen Zweiges von Tilia parvifolia.

302 m. vergr.

Fig. 2. Stück aus dem nadirwärts gekehrten Theile desselben Jahresringes.

302 m. vergr.

Fig. 3. Stück aus dem zenithwärts gekehrten Theile des jüngsten Jahresringes eines 1-jährigen, nahezu horizontalen Zweiges von Pterocarya fraxinifolia.

152 m. vergr.

Fig. 4. Stück aus dem nadirwärts gekehrten Theile desselben Jahresringes.

152 m. vergr.

Fig. 5. Querschnitt durch den jüngeren Theil einer, unter dem Drucke zweier auf ihr liegenden Spiegelglasplatten, in horizontaler Richtung unter Wasser fortgewachsenen Wurzel von Pisum sativum. Das Gewicht der beiden Spiegelglasplatten (in Luft) betrug 713,5 g.

122 m. vergr.

Taf. II.

Fig. 1. Querschnitt durch einen 4-jährigen, horizontalen Zweig von Corylus Avellana. Die zenithwärts gekehrte Seite liegt in der Figur oben und ist durch einen Rindeneinschnitt (bei o) bezeichnet. Der erste Jahresring ist deutlich hyponastisch; der zweite Jahresring ist oben und unten ziemlich gleich-stark entwickelt; der dritte und vierte Jahresring sind schwach epinastisch.

21 m. vergr.

Fig. 2. Querschnitt durch den schief-unteren Theil des Holzkörpers eines nahezu horizontal-gerichteten, stark epinastischen Zweiges von Magnolia acuminata. In vorliegender Figur, wie auch an mehreren anderen Stellen desselben (genau senkrecht zur Längsachse des Zweiges geführten) Querschnittes neigen die Markstrahlen nach der Seite des ge_ringeren Zuwachses hinüber, nicht nach der Seite, nach welcher die Jahresringe divergiren.

24 m. vergr.

Fig. 3. Querschnitt durch einen Theil der drei letzten Jahresringe aus der oberen Hälfte eines 5-jährigen, nahezu horizontal gerichteten, stark epinastischen Zweiges von Tilia parvi-

134

folia. Die Markstrahlen neigen, wie dieß bei ungleichmäßiger Ausbildung der Jahresringe am häufigsten der Fall ist, nach der Seite des stärkeren Zuwachses hinüber.
21 m. vergr.

Fig. 4. Querschnitt durch ein junges Internodium von Goldfussia isophylla.
34 m. vergr.

Fig. 5. Querschnitt durch ein junges Internodium von Goldfussia anisophylla. Die nach oben gelegene, mit a bezeichnete Stengelkante liegt zwischen den beiden Reihen kleiner Oberblätter.
34 m. vergr.

Fig. 6. Querschnitt durch ein junges Internodium von Centradenia rosea. Die nach unten gekehrte, abgestutzte Stengelseite liegt zwischen den beiden Reihen großer Unterblätter.
53 m. vergr.

Taf. III.

Fig. 1. Stück aus dem oberen Theile des viertletzten Jahresringes eines 10-jährigen, nahezu horizontalen Zweiges von Gingko biloba.
320 m. vergr.

Fig. 2. Stück aus dem unteren Theile desselben Jahresringes.
320 m. vergr.

Fig. 3. Querschnitt durch ein älteres, in verticaler Richtung frei herabhängendes Internodium von Begonia scandens (in Entfernung von etwa 1 m von der Stammspitze geführt. Bei o befindet sich die durch einen Rinden-Einschnitt bezeichnete Mitte der Rücken-Seite.
24 m. vergr

Fig. 4. Querschnitt durch ein genau vertical gerichtetes Internodium eines freiherabhängenden Sprosses von Ficus stipulata. Die Mitte der Rückenseite (bei o) ist durch einen Rinden-Einschnitt bezeichnet.
52 m. vergr.

Fig. 5. Querschnitt durch den Centralcylinder einer bei völliger Dunkelheit in wässriger Nährlösung erzogenen, unter 45° geneigten Nebenwurzel von Tilia parvifolia. Die Oberseite ist in der Zeichnung nach oben gerichtet.
115 m. vergr.

Fig. 6. Querschnitt durch eine bei völliger Dunkelheit in Nährstofflösung erzogene, unter ca 45° schief abwärts gerichtete Nebenwurzel von Tilia parvifolia, ca. 27 mm von der Ursprungsstelle geführt. Der Einschnitt bei o bezeichnet die Oberseite.
83 m. vergr.

Inhalts-Verzeichnifs.

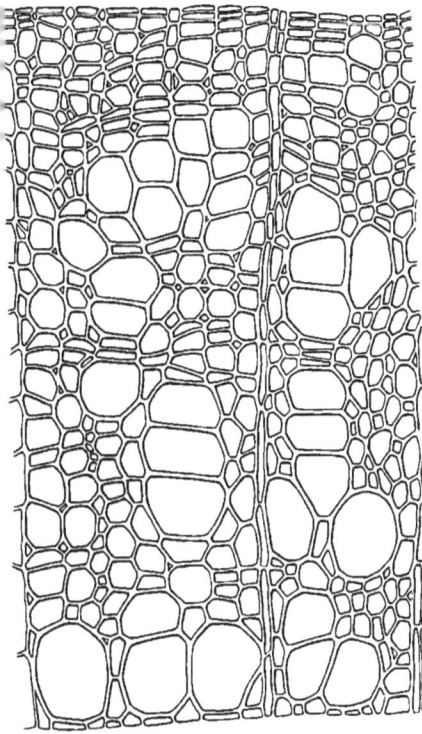

1

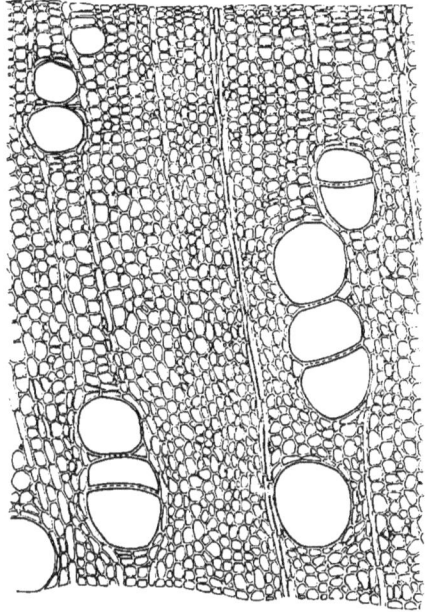

3.

4.

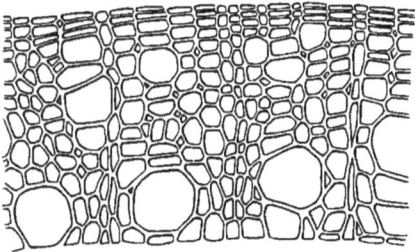

2.

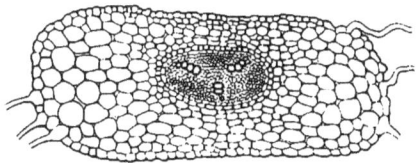

5

Autor ad nat del   Verlag von PAUL PAREY in Berlin   Lith von Laue

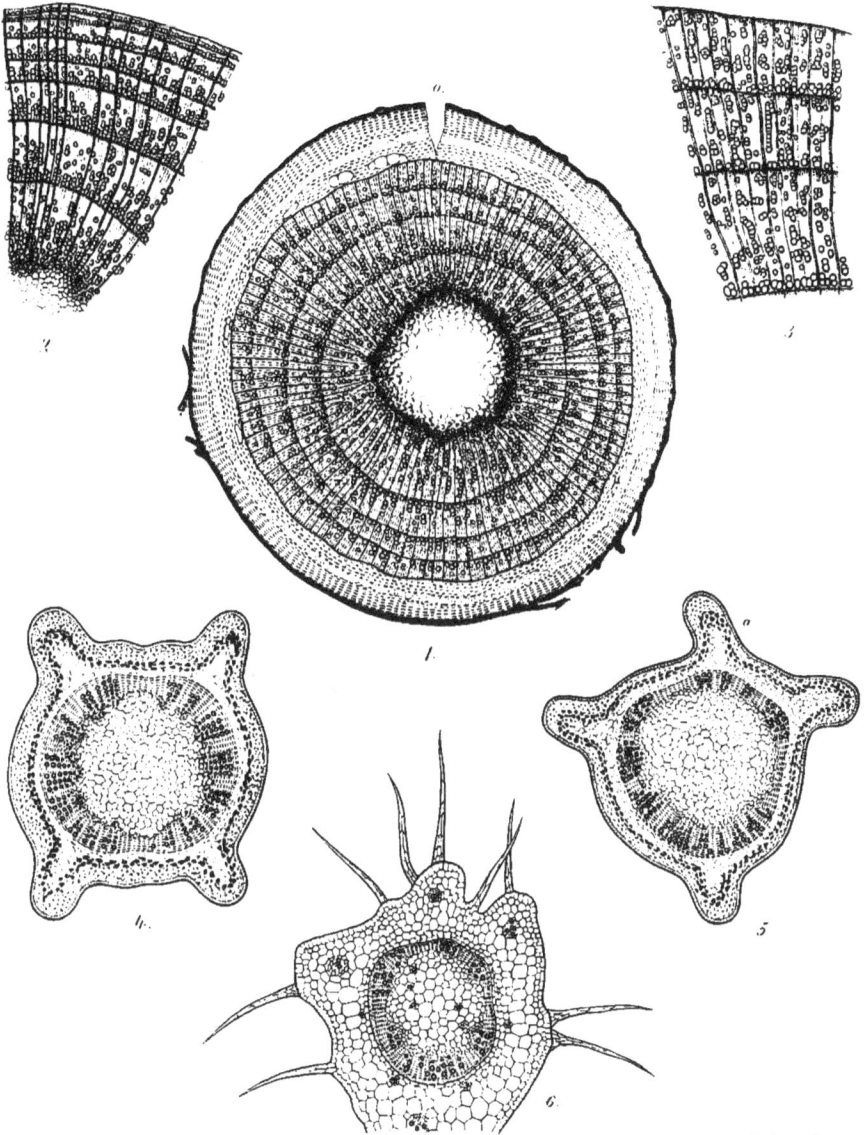

Verlag von PAUL PAREY in Berlin.

Autor ad nat del

Lith von Laue

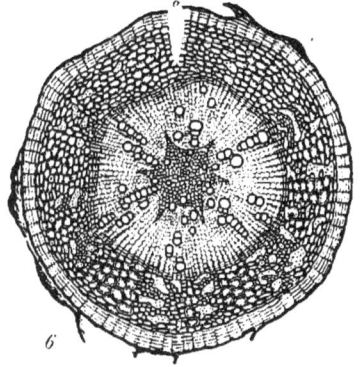

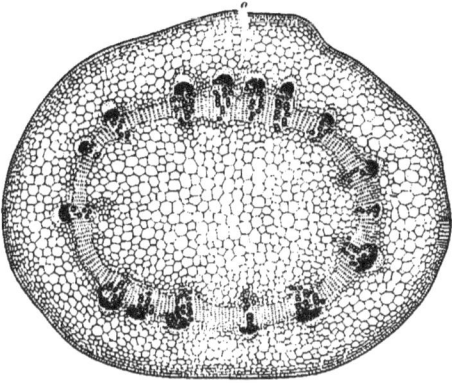

Taf: III

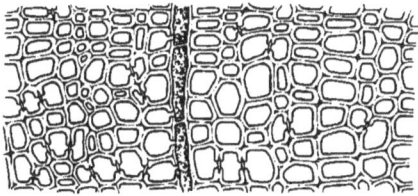

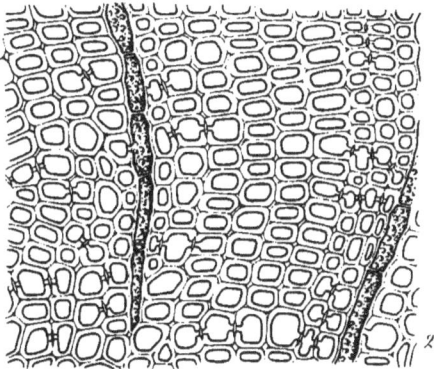

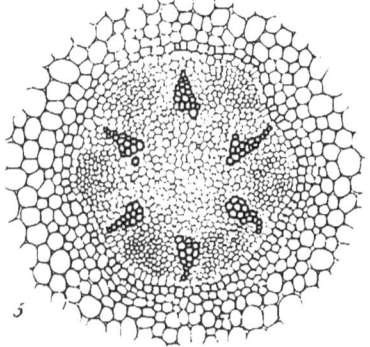

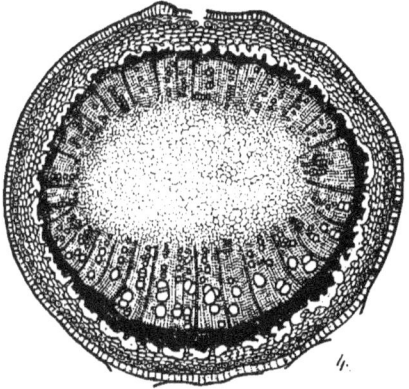

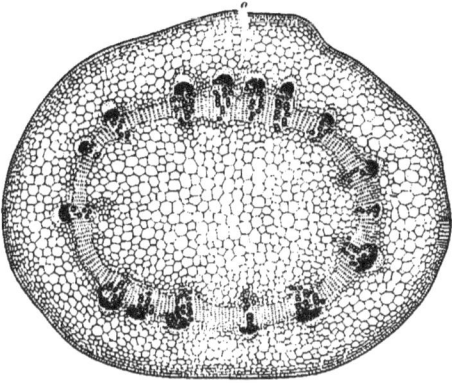

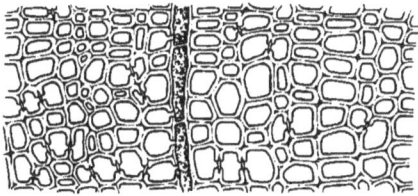

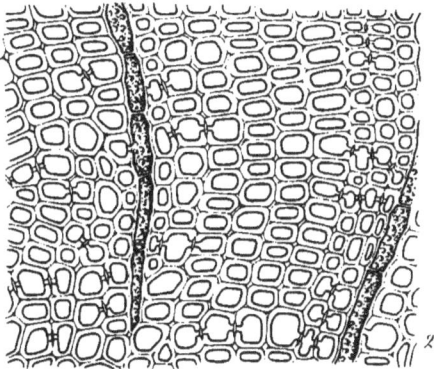

Autor ad nat del   Verlag von PAUL PAREY in Berlin   Lith von Laue